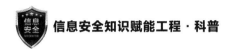

信息安全知识赋能工程·科普

U0150107

# 网络对抗
## 的前世今生

李云凡◎著

电子工业出版社
Publishing House of Electronics Industry
北京·BEIJING

## 内 容 简 介

本书以网络对抗的发展逻辑为主线，通过串联一系列重要的里程碑，全面介绍现代网络对抗从无到有、从社会边缘走向视野中心的发展历程。本书注重现实问题导向，采用章回体结构，将专业内容通俗化，提高阅读趣味性。同时，本书通过音频媒体拓展阅读场景，通过科学设置测试题构建认知闭环，使读者高效理解网络对抗的关键问题和背景知识。

本书适合作为"网络对抗发展史"相关课程的教材，也适合需要了解网络对抗基本常识的各界人士阅读。

**图书在版编目（CIP）数据**

网络对抗的前世今生 / 李云凡著. —北京：电子工业出版社，2023.12
（信息安全知识赋能工程. 科普）
ISBN 978-7-121-47193-3

Ⅰ. ①网…　Ⅱ. ①李…　Ⅲ. ①网络安全—普及读物　Ⅳ. ①TN915.08-49

中国国家版本馆 CIP 数据核字（2024）第 019020 号

责任编辑：田宏峰
印　　刷：三河市双峰印刷装订有限公司
装　　订：三河市双峰印刷装订有限公司
出版发行：电子工业出版社
　　　　　北京市海淀区万寿路 173 信箱　邮编：100036
开　　本：720×1 000　1/16　印张：17　字数：313 千字
版　　次：2023 年 12 月第 1 版
印　　次：2023 年 12 月第 1 次印刷
定　　价：79.00 元

凡所购买电子工业出版社图书有缺损问题，请向购买书店调换。若书店售缺，请与本社发行部联系，联系及邮购电话：（010）88254888，88258888。

质量投诉请发邮件至 zlts@phei.com.cn，盗版侵权举报请发邮件至 dbqq@phei.com.cn。

本书咨询联系方式：tianhf@phei.com.cn。

# 关于网络对抗，你了解多少？

（1）早期的网络对抗活动，是由心怀不轨的黑客发起的吗？

A. 是

B. 否

（2）主流操作系统存在很多安全漏洞，为什么还有那么多人在使用？

A. 不存在没有漏洞的操作系统

B. 用户迁移需要花费很大代价

C. 用的人越多，安全性越高

D. 主流操作系统会及时打补丁

（3）网络攻击，能够直接摧毁物理实体吗？

A. 能

B. 否

# 前言：用故事揭开网络对抗的神秘面纱

　　一提到网络对抗，很多人都觉得神秘，离我们很遥远，脑海中可能会闪现出这样一个场景：天赋异禀的少年黑客，两眼紧盯屏幕，双手快速敲击键盘，发出一串串指令，在神不知鬼不觉之间，侵入了万里之外的某个重要信息系统，轻而易举地让系统陷入瘫痪。

　　那么，网络对抗真的离我们很遥远吗？

　　也许，就在此时此刻，一场又一场的网络对抗活动，正在你我身边悄无声息地发生着。

**网络对抗频繁激烈，国家与个人面临严峻威胁**

　　2022 年 3 月，360 公司发布的一份报告，披露了美国国家安全局（NSA）长期使用网络武器，针对我国政府、高校、医院、科研院所，各行业龙头企业，乃至重要信息基础设施运维机构，秘密实施了长达十多年的网络攻击活动，窃取了海量的重要数据。

　　遭到美国国家安全局窃取的数据都有哪些呢？可能包括你登录各类系统的账号密码、办公用的 Word 文件、个人照片、微信联系人列表、QQ 聊天记录，还有麦克风和摄像头的实时数据流……

　　2022 年 2 月 23 日，北京奇安盘古实验室科技有限公司发布报告，揭露了美国国家安全局发动的"电幕行动"[1]的完整技术细节和背后的组织关联。

　　2022 年 2 月 25 日，中国外交部发言人表示：中方强烈敦促美方作出解释，并立即停止此类活动。

　　1 "电幕行动"（Bvp47）是隶属于美国国家安全局（NSA）的超一流黑客组织"方程式组织"所制造的顶级后门，用于入侵后窥视并控制受害组织网络，已侵害全球 45 个国家和地区。

由此可见，网络对抗不仅会严重损害个人隐私、单位利益，更关系到社会稳定乃至国家安全。

**网络对抗在现代战争中发挥重要作用**

在军事领域中，网络对抗也扮演着越来越重要的角色。2022年2月，俄乌冲突爆发，而在另一个看不见的网络战场上，俄罗斯与乌克兰背后的美国之间，已经进行了好几轮过招。

早在开战前3个月的2021年12月，美方就向乌克兰派遣了大批的网络战士。这些网络战士到达乌克兰后，一方面分散到乌克兰各地，协助乌克兰保护关键信息基础设施；另一方面针对俄罗斯规划并实施了一系列主动出击的作战任务。

军事行动正式打响后，双方在网络上的对抗更加频繁和激烈。

由此可见，网络对抗正发展成为现代军事斗争中的一种新型作战样式，在战场内外发挥着重要作用。在主要军事强国中，网络对抗力量已经独立组建为新的军兵种，正式编入了作战部队的序列。

**构建对网络对抗的正确认知刻不容缓**

对于正在阅读本书的你来说，或许没有机会到网络攻防的一线去亲身感受网络对抗。但是，在这样一个网络时代，为了能够更好地保护自己和所在单位在网络中的重要利益，为了能够更从容地应对来自网络的安全威胁，为了更准确地理解网络力量在未来战争中发挥的重要作用，应该对网络对抗有一个正确的认知。

然而，网络对抗看不见、摸不着，涉及大量的专业知识和程序代码，该如何去理解它呢？《网络对抗的前世今生》这本书将为你拨开迷雾，带你走过一段精彩的发现之旅。

**学习本书的预期收获**

本书以时间为主轴，以网络对抗发展逻辑为主线，以若干里程碑为切入点，为你重现那些网络对抗发展过程中具有重要意义、产生过重大影响、改变了重大决策的人物和故事。

为了使更多的读者能够读懂本书，本书尽可能地回避类似"遍历""嗅探""互斥""哈希"之类的专业词汇，以及技术实现的具体原理，而是讲述一个个引人入胜的故事，梳理一条条纵横交错的脉络。

如果你没有接触过网络对抗，但又对网络对抗抱有敬畏感和好奇心，本书将带你从整体上快速了解网络对抗。如果你是一名网络安全人员，对网络对抗有一定的知识基础和实践经验，本书也将为你提供一个解读网络对抗的全新视角，与你已有的知识体系进行有益的碰撞。

以史为鉴，古为今用。

我想，你或许也可以带着一些问题、一些思考去阅读本书。

第一个问题，网络对抗的本质是什么，为什么说网络对抗会随着网络技术的发展，对这个世界产生越来越重要的影响？

第二个问题，发起一场网络攻击需要哪些先决条件，受到哪些因素的制约，为什么说网络攻击是把"双刃剑"，既能伤害对方，也能反过来伤害自身？

第三个问题，为什么说没有绝对的网络安全，网络对抗会永无休止地持续下去？

从现在开始，让本书伴你一起，用一个个生动的故事，揭开蒙在网络对抗上面的神秘面纱，带你领略网络对抗前世今生的磅礴画卷。

## 关于本书

本书是在军职在线 App 上的音频课"网络对抗的前世今生"的基础上改编而成的，参与本书编写的还有郭连城、黄金杰、刘畅、王欣玫、郑红艳、武毅、夏建军、艾玲和王嘉义。

随着信息技术的快速发展，网络对抗技术日新月异，攻击手段变化多端，限于作者对网络对抗的理解和认识，本书难免有不当之处，敬请广大读者批评指正。

李云凡

癸卯年葭月于江城

# 目　　录

# 第一篇
# 火花初现

现代电子计算机登场　信息安全风险显端倪
欲造理想安全系统　难过"老虎队"测试关
　　　　黑客活动初兴起　阿帕网中启战端
网络扩张生安全隐患　"莫里斯蠕虫"敲响警钟
　　　　防火墙加法律大棒　有攻有防乃成对抗

# 第一回　现代电子计算机登场
# 信息安全风险显端倪

第二次世界大战期间，亚欧大陆成了主战场。众多一流科学家为躲避战乱，从亚洲和欧洲跨过大洋，来到远离战火的美洲，寻找安身立命之地。

渐渐地，美国的科学家队伍越来越庞大，几乎囊括了全世界各个学科领域的顶级人才。这为美国在日后研究核武器、信息技术等开创性的新领域，提供了得天独厚的条件。

在反法西斯大旗的引领下，包括举世闻名的、研制原子弹的"曼哈顿计划"[1]在内，一个又一个划时代的颠覆性军事工程计划，开始在美国实施。

这些重大工程计划的出现，一下子催生出对数学计算的庞大需求。很多科学家开始思考这样一个问题——如何才能制造出可以替代人工进行大规模数学计算的机器。

很快，研制计算机器的契机便出现了。

1　曼哈顿计划是指美国陆军于 1942 年 6 月开始实施利用核裂变反应来研制原子弹的计划。该计划集中了当时西方国家（除德国外）最优秀的核科学家，动员了 10 多万人，历时 3 年，耗资 20 亿美元，于 1945 年 7 月 16 日成功地进行了世界上第一次核爆炸，并制造出两颗实用的原子弹。

## 军事需求催生现代电子计算机

1941 年 12 月，日本偷袭珍珠港，美国对日本宣战。为了计算炮弹弹道的轨迹，美国陆军的弹道研究实验室（Ballistic Research Laboratory，BRL）征调了位于费城（Philadelphia）的宾夕法尼亚大学莫尔电气工程学院（以下简称莫尔学院）的微分分析机 [1]（见图 1–1）。

图 1–1　微分分析机

[1] 微分分析机也称为微分分析器，是第一台用来计算微分方程的机械式计算机，被认为电子计算机的先驱。

由于每天需要计算的弹道轨迹多达几千条，微分分析机远远满足不了炮兵部队的胃口。对大规模数学计算的需求变得非常迫切，制造一台计算机的想法，从科学家的头脑中来到军方领导的心头。

1942 年秋天，由于设备的计算能力跟不上计算需求的持续增长，美国陆军弹道研究实验室的计算工作陷入了危机。1943 年春，该实验室的芝加哥大学数学博士、陆军上尉赫尔曼·戈德斯坦（Herman H. Goldstine），找到了莫尔学院的工程师约翰·莫奇利（John W. Mauchly）。莫奇利对制造电子计算机抱有"传教士般的热情"，两人一拍即合。在戈德斯坦的举荐下，莫奇利撰写了一份研制电子计算机的报告，并将报告提交给美国军方。同年 4 月 9 日，莫奇利的这份报告获得了美国军方的批准，美国军方与莫尔学院签订了制造计算机的合同。制造世界上第一台电子计算机——埃尼亚克（ENIAC）的工作，就在莫尔学院紧锣密鼓地开始了。

1944 年初夏的一天，在美国陆军著名的武器试验场——"阿伯丁试验场"外的火车站月台上，发生了一次足以载入史册的偶遇。时任"曼哈顿计划"科学顾问的著名数学家冯·诺依曼[1]，与埃尼亚克项目的军方负责人戈德斯坦相遇了。"小上尉"戈德斯坦主动走向"大人物"冯·诺依曼，并向他提起他们正在做的一件大事——研制一台每秒进行 300 次乘法运算的电子计算机。冯·诺依曼对此非常感兴趣，向戈德斯坦表示，希望进一步了解这个项目的情况。

于是，在戈德斯坦的安排下，冯·诺依曼专程赶往费城参观调研。

矗立在冯·诺依曼面前的埃尼亚克（见图 1-2），是一个占地 170 m² 的庞然大物，它有 30 个操作台、6000 多个开关。埃尼亚克看起来就像一个巨型的八爪鱼，数以百计的转接线把计算机的不同单元连接在一起。

图 1-2　第一台现代电子计算机——埃尼亚克

冯·诺依曼看到，埃尼亚克在工作过程中面临着一个难题：每当要计算一道新的问题时，必须针对这个问题进行专门的编程。在埃尼亚克上编程，可不像我们现在用键盘敲几行代码那么简单，而是需要重新部署计算机不同单元之间的转接线。

对于在埃尼亚克上编程这件事，《天才的拓荒者——冯·诺依曼传》中有一段非常形象的描写：计算机操作员跑来跑去，重新把转接线的插头插好，设定每个计算单元控制器的机械开关，甚至还要搬动设备。

如何解决这个令人困扰的难题呢？埃尼亚克的设计团队将期盼的目光投向了冯·诺依曼。

离开费城后，冯·诺依曼陷入了沉思：到底应该如何设计一台更先进、更完备的计算机呢？

## 冯·诺依曼体系结构为计算机安全埋下隐患

所谓程序，就是计算机能够识别和执行的指令；编程，就是通过某种方式，编写出一系列计算机能执行的指令。

接下来的几个月，冯·诺依曼以顾问的身份，和设计团队就如何改进计算机设计的问题，进行了深入讨论。冯·诺依曼指出，新的计算机应该具备将程序存储起来的能力，而不能再依靠调整连接线的机械方式进行编程。

1945 年，冯·诺依曼关于计算机体系结构的思考基本成形了，于是他在 6 月 30 日，与戈德斯坦、勃克斯等人联名发表了计算机历史上非常著名的"101 页报告"，即 *First Draft of a Report on the EDVAC*，开创性地提出了"存储程序控制"体系结构，被称为冯·诺依曼体系结构（见图 1–3）。

从那时起，直到今天，我们使用的几乎所有的计算机，采用的都是冯·诺依曼体系结构。冯·诺依曼提出，除了运算器和控制器，存储器也应该是计算机的核心部件。他受到生物学家对人类大脑组织结构研究的启发，使用了记忆（Memory）这个词，而不是传统的储藏室（Storage）这个词，来命名计算机的存储器。

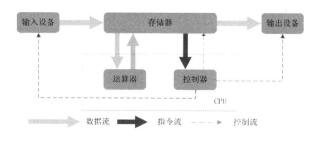

图1-3    冯·诺依曼体系结构

冯·诺依曼提出，计算机的存储器应该既可以保存数据，也可以保存程序。而所有数据，以及描述如何操纵这些数据的程序，都应该采用二进制数字"0"和"1"的形式，串行存储在计算机的存储器中，在控制器的调度下一批接一批地送到运算器中处理。

这样一来，当人们需要重新编程时，就不需要再像埃尼亚克那样，改变计算机的结构和各单元之间的连接线，而只需要将新的程序代码连同新的操作数据送入存储器，计算机就会自动按照新的程序去执行。

冯·诺依曼体系结构彻底解决了一直以来困扰计算机设计者们的"重新编程非常麻烦"的问题，从此以后，计算机就可以用电子而非机械的方式来存储并修改程序了。

随后，冯·诺依曼再接再厉，提出了新的编程方法，发明了用于描述算法的程序流程图。

在短短的一两年内，冯·诺依曼不仅明确了现代电子计算机的顶层体系结构，推动了硬件与软件相分离的设计理念，还一手创造了"软件编码"这个新的技术领域，催生了计算机程序员，也就是我们现在常说的"码农"这个行当。从此之后，计算机的用户可以先在自己的办公室里面，把程序编出来，然后送到计算机上运行。

然而，冯·诺依曼体系结构并没有充分考虑安全防护的问题，为计算机埋下了"深入骨髓"的安全隐患。有人提出，既然数据和程序都是以"1"和"0"的形式串行存储在存储器中的，如果有人恶意混淆这两者，在输入数据时用数据覆盖程序，从而改变程序的运行，那么会出现怎样的结果呢？

在那个年代，人们对数学计算的需求如此强烈和迫切，以致对这些一时还看不出什么严重后果的"小问题"，并没有放在心上。埃尼亚克面世后，一系列按照冯·诺依曼体系结构设计的现代计算机产品陆续登场，计算机的使用范围也逐渐由弹道计算等军事领域，拓展到科学研究等民用领域。

现代电子计算机，以其前所未有的运算速度、前所未有的运算精度、前所未有的应用广度，在科学界掀起了一阵旋风。

计算机时代来临了。

## 分时系统提升计算机利用率，带来三方面安全风险

20 世纪 50 年代，虽然计算机的用途变得越来越广泛，但对大部分机构来说，计算机仍然是一种稀缺资源。程序代码的调试、运行、改错都需要时间，在这段时间里，计算机实际上是被一个用户所独占的。据统计，在某个用户独占计算机的一小时中，真正用于计算的平均时间只有几分钟，剩下的五十多分钟内计算机一直处于空闲状态，宝贵的计算资源被白白浪费了。

多人共享一台计算机就成了高效利用稀缺资源的最好方法。

例如，在麻省理工学院（Massachusetts Institute of Technology, MIT）多人共用一台计算机的情形非常普遍。老师和学生们带着自己编写的程序，在计算机房的门外排起了长队，从白天一直排到深夜。

计算机用户，一边排着长队，一边摇着头、叹着气，互相之间吐槽着。

为了解决排队等待时间过长的问题，英国计算机科学家克里斯托弗·斯特雷奇[1]（Christopher Strachey）于 1959 年提出了"分时"的概念。斯特雷奇指出，单个用户轮流使用计算机的效率之所以低下，是由人与计算机之间的交互模式造成的。

单个用户输入程序后，一般会停下来等待。如果让多个用户同时使用计算机，就可以在第一个用户停下来等待的时间内，让第二个用户利用这个空当来操作计算机。斯特雷奇的具体设想是，把多个操作控制台连接到一台大型计算机，这样一来，多个用户就可以同时使用计算机了。因为计算机运行程序、反馈结果的速度足够快，所以用户根本意识不到，自己正与其他人共享计算机，会产生一种"独享计算机"的感觉。

1 克里斯托弗·斯特雷奇在1959年发表的论文 Time Sharing in Large Fast Computer 中不仅提出了分时的概念，还提出了虚拟化的概念。虚拟化是云计算机的基石。

2 费尔南多·科尔巴托（Fernando J. Corbató）是美国计算机科学家，也是分时共享操作系统领域的重要贡献者之一。他在 1961—1965 年领导开发了分时系统（CTSS），在 1990 年获得图灵奖。科尔巴托后来参与了阿帕网的设计，他提出的"远程过程调用"概念被广泛应用于现代计算机网络和分布式系统。

根据这一设想，1961 年，麻省理工学院在 IBM 7090 上开发了第一个分时系统，支持 3 位用户，在系统调度下各自独立运行和编辑程序。运行首个分时系统的计算机 IBM 7090 如图 1-4 所示，图中人物是费尔南多·科尔巴托[2]。

图 1-4　运行首个分时系统的计算机 IBM 7090

分时系统显著降低了计算机的使用成本，优化了用户的使用体验，使计算机更加流行。但分时系统的广泛应用，又带来了新的信息安全风险。

在分时系统诞生前，计算机由专人看管，每个用户的使用都有记录可查，几乎没有出现过信息安全方面的问题。在分时系统出现之后，每个用户都可以独立地使用输入、输出终端与计算机同时进行交互。这样一来，计算机上的程序和用户的行为，都变得更复杂了。

分时系统的应用带来了三方面的安全风险：第一，同一台计算机上不同用户发起的多个进程可能会相互干扰，从而导致错误；第二，一个用户存储在计算机上的信息，其他用户也能看见，用户的隐私没有了；第三，有的用户可能会恶意篡改计算机中的信息，甚至输入破坏性的代码，从而造成不可预期的问题。

## 能不能设计出没有安全风险的计算机系统呢？

当出现这些问题的时候，时间已经来到了 20 世纪 60 年代。现代电子计算机在其问世十多年之后，成了高校和研究机构开展研究的重要工具。因此，分时系统带来的这些安全风险不再"无人问津"，而是受到有识之士的高度重视。对计算机安全的关注，给计算机和操作系统的设计者们提出了一个新的重大课题——能不能设计出没有安全风险的计算机系统呢？

## 划重点

（1）军事需求催生了现代电子计算机。冯·诺依曼在 ENIAC 的基础上，提出了现代计算机的体系结构——冯·诺依曼体系结构。然而，将数据和程序一同存储在存储器中的设计，为计算机埋下了"深入骨髓"的安全隐患。

（2）分时系统让多人共用一台计算机成为可能，提高了计算机的利用效率，但也带来了新的安全风险：

➲ 不同用户的进程互相干扰；

➲ 私密信息被其他用户看到；

➲ 用户恶意输入破坏性代码。

## 参考文献

[1] 马丁·坎贝尔-凯利，威廉·阿斯普雷，内森·恩斯门格，等. 计算机简史[M]. 蒋楠，译. 3 版. 北京：人民邮电出版社，2020.

[2] 诺曼·麦克雷. 天才的拓荒者——冯·诺依曼传[M]. 范秀华，朱朝晖，成嘉华，译. 上海：上海科技教育出版社，2018.

## 扩展阅读

（1）世界上的第一台计算机诞生在哪一年？（百度知道）

（2）分时操作系统。（百度百科）

# 自测题

**1. 判断题**

现代电子计算机的诞生与第二次世界大战有关。（　　）

**2. 判断题**

冯·诺依曼在设计计算机体系结构时，充分考虑了安全防护问题。（　　）

**3. 多选题**

关于冯·诺依曼提出的计算机体系结构，以下选项中正确的有（　　）

（A）内存储器是计算机的一个核心部件

（B）他用 Storage（储藏室）而不是 Memory（记忆）来表示内存

（C）内存中既可以保存数据，又可以保存程序

（D）重新编程应改变硬件连接关系

**4. 单选题**

以下安全风险中，哪一个不是由分时系统的出现带来的？（　　）

（A）同一台计算机上不同用户发起的多个进程可能会相互干扰，从而导致错误

（B）一个用户存储在计算机上的信息，其他用户也能看见，用户的隐私没有了

（C）用户可能会恶意篡改计算机中的信息，甚至输入破坏性的代码，从而造成不可预料的问题

（D）用户可能会在输入数据时恶意使用数据覆盖程序，从而改变程序的运行

# 第二回　欲造理想安全系统
# 难过"老虎队"测试关

上一回讲道，分时系统在 20 世纪 60 年代得到广泛应用后，人们意识到，使用计算机会带来安全风险。为了解决这个问题，早期的计算机安全研究者们开始了漫长的探索之路。

## 出租请求致美军方开始考虑计算机安全

最早的研究和尝试，仍然来自美国军方。

不过这个故事，要从一家知名的美国军事承包商谈起。这是一家飞机与导弹的制造商，名叫麦克唐纳飞行器公司（其标志见图 2-1）。

图 2-1　麦克唐纳飞行器公司的标志

麦克唐纳飞行器公司建造了用于美国第一次载人航天计划的水星太空舱，还设计并制作了第一架能够降落在航空母舰上的喷气式飞机——FH-1"幻影"舰载机。

麦克唐纳飞行器公司在航天与飞机制造领域具有雄厚的实力，因此与美国军方关系非常密切。20 世纪 60 年代，麦克唐纳飞行器公司花重金购买了一台电子计算机，主要用于处理与军方合作的一些保密项目。

但是，这台计算机除了处理军方保密项目，大部分时间是闲置的，无法产生任何经济效益。所以，麦克唐纳飞行器公司希望在这台计算机在没有承担军方任务的时候，能租给公司的一些商业客户，一方面可以收回一部分计算机的购买成本，另一方面还可以与客户建立更加密切的业务关系。

于是，麦克唐纳飞行器公司向美国国防部和美国空军提出了出租计算机的请求。

对于这个请求，美国国防部与美国空军都很重视，也有一点紧张，因为他们从来没有认真考虑过计算机安全方面的事情。

1 洛克希德公司是一家航空航天制造商，创建于 1912 年。于 1995 年和马丁·玛丽埃塔公司合并，更名为洛克希德·马丁公司。

2 兰德（Rand）公司是美国最重要的以军事为主的综合性战略研究机构，以研究军事尖端科学技术和重大军事战略而著称于世，并逐渐发展成为一个研究政治、军事、经济、科技、社会等各方面的综合性思想库，被誉为现代智囊的"大脑集中营"和"超级军事学院"。

为此，美国国防部于 1967 年专门成立了一个委员会，用来调查多用户分时计算机系统的安全问题。该委员会的成员来自中央情报局、国家安全局等美国政府机构和洛克希德公司[1]等军事承包商，由兰德公司[2]的威利斯·威尔担任主席。经过近 3 年的调查，该委员会于 1970 年向美国国防部提交了一篇报告，史称《威尔报告》，如图 2-2 所示。这份报告十分重要，因为它首次提出了一系列关于计算机安全与对抗的重要观点。

《威尔报告》指出：第一，随着计算机变得越来越复杂，其安全风险也会增加，因为计算机变复杂了，系统就难免会出现一些漏洞；第二，计算机用户的操作能力越来越强，技术水平越来越高，约束、控制这些用户操作行为的难度会随之升高，而且一些计算机用户可能会因为各种原因转变为恶意的攻击者，这些攻击者可能会探测、利用这些漏洞，以达到不可告人的目的。

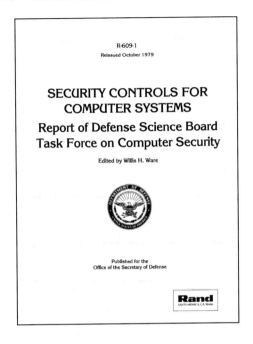

图 2-2　《威尔报告》

根据《威尔报告》的结论，美国国防部出于安全的考虑拒绝了麦克唐纳飞行器公司将涉密计算机对外出租的请求。

《威尔报告》在当时是很了不起的，它提出的主要观点，直到现在依然适用。此外，《威尔报告》还提出了一些以保护机密文件为目的的安全策略，不过这些策略过于严格，根本没有办法大范围推广应用。那么，在实际操作层面，应该如何合理、有效地实现信息安全管控呢？

## 基于安全内核设计理念打造马提克斯操作系统

1972 年，美国空军组建了第二个委员会，专门研究计算机系统安全问题的解决方案。

该委员会由美国空军电子系统部的罗杰·谢尔少校牵头，他组建了一个由美国空军和美国国家安全局专家组成的团队，用了 7 个月的时间，撰写了一份研究报告，以主笔人詹姆斯·安德森的名字命名，称为《安德森报告》，如图 2-3 所示。

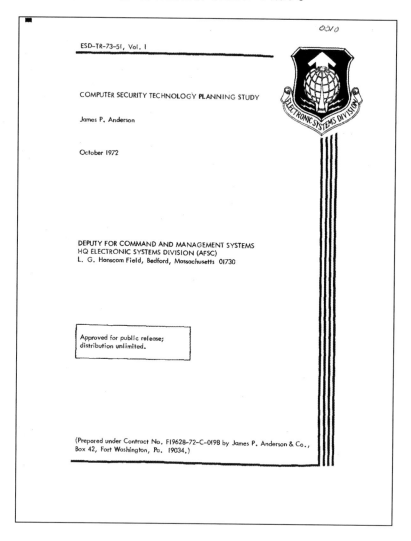

图 2-3  《安德森报告》

《安德森报告》重申了《威尔报告》关于计算机复杂性会增加安全风险的观点，给出了对策建议。

建议的核心观点是，在设计与实现计算机系统的阶段，就应该充分考虑安全问题，而不是等系统出现安全问题后再考虑如何弥补。

《安德森报告》认为，当前美国空军的计算机安全管控措施效率低下，耗费了大量人力物力，导致空军每年都要损失 1 亿美元。

为此，《安德森报告》建议创建一个安全的计算机操作系统来提升安全管控的效率，制造这样一个系统只需要 800 万美元。

《安德森报告》明确提出了"安全内核"的系统设计理念。具体内容是，为操作系统设计一个安全内核，这个安全内核在接收到用户访问计算机的请求时，能够自动评估这个请求是不是安全的，并做出允许用户访问或者拒绝用户访问的决定。同时，这个安全内核能够确保自身持续正常运转，并能够防范恶意用户对它进行篡改或绕过安全内核。

《安德森报告》提出的安全系统设计理念受到了广泛重视。当时，美国国防部正在出资赞助一个名为马提克斯（Multics）的操作系统，麻省理工学院、通用电气公司和贝尔实验室都是这个操作系统的合作设计方。

马提克斯操作系统（其标志见图 2-4）充分吸收了《安德森报告》提出的理念，设计并实现了安全内核以及相应的安全功能，成为第一个高度重视信息安全的计算机操作系统。

图 2-4　马提克斯操作系统的标志

在具体安全功能的实现上，马提克斯操作系统使用了一种圆环形的安全结构。这种结构有点像打靶用的靶标，上面有许多同心圆环，靶心的编号是 0，然后由内向外依次编为 1 号、2 号、3 号、4 号等。马提克斯操作系统规定，编号为 0～3 的（内环）只能由操作系统本身使用，而编号为 4 及以上的（外环）由用户程序使用。外环中的程序不能影响、损害内环中的程序，通过这样的机制，保证操作系统的安全。

然而，让美国军方和各家设计单位意外的是，虽然马提克斯操作系统一开始就内置了安全功能，又严格践行了"安全内核"理念，但这个操作系统的安全性，却没有达到他们期待的结果。

## 马提克斯操作系统未能通过"老虎队"渗透测试

这里，不得不提到"老虎队"。在 20 世纪 60 年代，为了评估计算机系统的安全性，美国政府成立了一个名为"老虎队"（Tiger Team）的安全测试评估小组，专门从攻击者的角度来模拟攻击者的行为，对计算机系统进行 360° 无死角测试。

"老虎队"的工作目标是识别计算机系统中的漏洞，然后对其进行"修补"。"老虎队"的测试行为称为渗透测试，对漏洞进行修复的行为称为打补丁。

"老虎队"是世界上最早进行计算机系统安全评估的团队之一，他们曾经对许多知名的商业计算机系统进行过测试评估，积累了许多行之有效的攻击技术与方法。马提克斯操作系统要想证明自己的安全性能，就必须通过老虎队的"终极考验"。

1974 年 6 月，美国空军发表了一篇论文，专门描述了对最新版马提克斯操作系统进行攻击性测试的评估结果。通过测试,"老虎队"发现马提克斯操作系统中的 3 个主要漏洞,其中有一个比较严重;通过这个漏洞,攻击者可以获取存储在系统中的所有密码。

美国空军的这篇论文,详细描述了这些漏洞及其被发现的过程,同时也宣称,发现这些漏洞其实并没有让"老虎队"付出太多的努力。

而对于马提克斯操作系统,"老虎队"给出的最终结论是:它虽然比当时其他的商业操作系统要更安全些,但仍然不是一个足够安全的系统,因为它没有办法有效防范攻击者的蓄意攻击。

客观地说,"老虎队"针对马提克斯操作系统的安全测试证明,想要构建一个理想的安全操作系统绝非易事。但这并未打击计算机安全研究者们的信心,反而大大激发了他们的研究热情。

在马提克斯操作系统遭遇"滑铁卢"后,早期计算机安全研究者们仍然在持续不断地努力尝试,他们试图提出更加科学严谨的设计理念,构建更加安全的系统模型,设计更加严密的安全防护措施。

那么,他们的这些努力,有没有取得预期的效果呢?

## 划重点

(1) 随着计算机变得越来越复杂,安全风险也会增加;因为计算机变复杂了,系统难免就会出现一些漏洞。与此同时,计算机用户的操作能力会越来越强,技术水平会越来越高,约束、控制这些用户操作行为的难度也会随之升高。一些计算机用户可能会因为各种原因转变为恶意的攻击者，这些攻击者可能会探测、利用这些漏洞，以达到不可告人的目的。

（2）安全内核的系统设计理念是指为操作系统设计一个安全的内核，这个内核在收到用户访问计算机的请求时，能够自动评估这个请求是不是安全的，并作出允许用户访问或者拒绝用户访问的决定。同时，这个安全内核能够确保自身持续正常运转，并能够防范恶意用户对它进行篡改或绕过该内核。

（3）渗透测试是指从攻击者的角度模拟攻击者的行为，对系统进行 $360°$ 无死角的测试。

## 参考文献

[1] Willis H. Ware. Security controls for computer systems: report of defense science board task force on computer security[R]. Santa Monica: Rand, 1979.

[2] James P. Anderson. Computer security technology planning study[R]. Gaithersburg: NIST, 1998.

## 扩展阅读

（1）马提克斯操作系统的主页。（Multics 官网）

（2）渗透测试。（知乎）

# 自测题

**1．判断题**

马提克斯系统是一个安装在计算机上的安全软件。（　　）

**2．判断题**

随着计算机变得越来越复杂，安全风险也会增加；因为计算机变复杂了，系统难免会出现一些漏洞。（　　）

**3．单选题**

马提克斯系统使用了一种圆环形的安全结构，由内向外编号依次为0号、1号、2号、3号、4号，其中不能由操作系统本身使用的是（　　）

（A）0号

（B）1号

（C）2号

（D）3号

（E）4号

**4．多选题**

《安德森报告》明确提出了"安全内核"的系统设计理念，"安全内核"理念的内容包括（　　）

（A）提供高效可靠的网络通信能力

（B）接收用户访问计算机的请求，并自动评估这个请求是不是安全

（C）确保自身持续正常运转，并防范恶意用户篡改或绕过"安全内核"

（D）必须使用圆环形的安全结构

# 第三回　黑客活动初兴起
## 阿帕网中启战端

上一回讲到，为了解决计算机系统的安全风险问题，实现绝对安全的计算机系统，早期的信息安全研究者们进行了大量的研究和探索。但十多年下来，不论通过数学方法证明，还是使用逻辑形式验证，他们的所有尝试几乎都以失败而告终。

在美好理想化为泡影的过程中，有一个新的群体出现了，这个群体让人们对打造安全计算机系统的最后一点希望也消失得一干二净。这个群体的名字就是——黑客。

## 黑客文化诞生

说到黑客，你会想到什么？

QQ 号被盗，还是手机、计算机上的各种隐私被窃取？

或者是电影《黑客帝国》、斯诺登泄露的"棱镜"计划，还是让人抓狂的勒索病毒？

总之，在我们的印象里，黑客往往与"网络入侵""网络攻击"这些标签紧紧地绑在一起。

然而，在 20 世纪 50 年代，"黑客"最早出现的时候可是"顶级高手""深度玩家"的代名词。那时候谁要说这个人是个黑客，那就代表着他是个"学霸"，不追名、不逐利，只醉心于计算机技术，而且水平特别高。

据说，最早的黑客出现在美国麻省理工学院的一群学生之间。

图 3-1    铁路模型俱乐部标志

这群学生，来自麻省理工学院的"铁路模型俱乐部"（见图 3-1），他们曾经设计过这样一个系统，通过拨打电话可以控制铁路模型中火车的运行。后来，随着计算机进入校园，他们又将注意力转移到计算机这个"最炫酷的新玩具"上，通过开发运行程序，探索计算机的更多功能。

这群学生把解决一个技术难题比作"砍倒一棵大树"，用英文表示就是——hack。因为 hack 的本义就是"砍和劈"，所以解决技术难题的过程称为 hacking。专门解决技术难题的人呢，自然就被称为 hacker，音译过来就是——黑客。

没想到，"黑客"这个词很快就"出圈"了。20 世纪六七十年代，"黑客"这个词已从校园里传遍了整个计算机技术的圈子。这些自称黑客的人，熟练掌握汇编语言等"硬核"编程语言，熟悉计算机的结构和原理，并以利用技术求解问题为乐趣。

一时间，群星闪耀，一批"大牛"诞生了！他们在本职工作之余，凭借开放不设限的探索精神和强大的创新意愿，为计算机技术的发展作出了非常重要的贡献，这里面就包括他们设计了影响深远的 UNIX 操作系统[1]和 C 语言[2]。

1 UNIX 操作系统是一个分时系统，是现代操作系统的基石。在 20 世纪 60 年代末，肯尼思·汤普森（Kenneth Thompson）和丹尼斯·里奇（Dennis Ritchie）都曾参加过马提克斯操作系统的设计（所使用的工具是 CTSS）。在对当时的技术进行精选提炼和发展的过程中，肯尼思·汤普森于 1969 年在小型计算机上开发了 UNIX 操作系统。

2 C 语言是由丹尼斯·里奇于 1972 年设计的，对计算机科学和软件工程领域产生了深远的影响，后世很多编程语言都受到了 C 语言的影响。丹尼斯·里奇于 1983 年获得了图灵奖。

为什么会在这个时期，计算机领域风起云涌、人才辈出呢？

一方面，在 20 世纪六七十年代，计算机的普及程度得到了进一步提高，特别是一些拥有计算机的大学和研究机构，为计算机的发烧友们提供了更多实践探索的便利和机会。

更重要的另一方面是，一项划时代的创新——计算机网络应运而生了。

## 美苏争霸促使计算机网络从想法变为现实

20 世纪六七十年代的计算机网络还不是现在的互联网，而是美国高级研究计划局（其标志见图 3-2）建立的阿帕网（ARPANet）。

图 3-2  美国高级研究计划局标志

阿帕网的横空出世，起源于一个重磅的历史事件。

1957 年 10 月 4 日，在苏联的拜科努尔航天中心，人类第一颗人造卫星被送入太空。这颗名为"斯普特尼克 1 号"的人造卫星[1]（"斯普特尼克 1 号"的纪念邮票见图 3-3），不仅揭开了人类探索太空的序幕，更意味着在美苏争霸的全球竞赛中，苏联走在了美国前面。

1 斯普特尼克 1 号（Sputnik-1）卫星是第一颗人造地球卫星，在轨工作了 22 天，开启了人类的航天时代。

图 3-3  "斯普特尼克 1 号"的纪念邮票

那时候，"冷战"刚刚打响，这一消息顷刻间汇成了一朵阴云，笼罩了整个美国。得知苏联卫星上天消息的那一刻，很多美国人双手抱头，瞪大双眼，深切感受到来自对手的强烈威胁。

作为回应，美国时任总统艾森豪威尔决定建立美国高级研究计划局（Advanced Research Project Agency，ARPA），地点设在美国国防部的五角大楼内。ARPA 的职责是资助与协调国防相关的颠覆性科技研究，不惜代价地占领科技高地，并将最先进的技术应用于国防，以保持对苏联和世界其他国家的战略优势。

ARPA 在当时的地位如日中天，新生的 ARPA 一启动，就获得了美国国会 520 万美元的筹备金及 2 亿美元的项目预算（我国在 1958 年的外汇储备仅 0.7 亿美元）。很快，ARPA 就成为美国国防领域最厉害的技术智囊团。

数百名顶级科学家和许多研究机构都开始为 ARPA 服务。随着 ARPA 规模的迅速扩大，这些分散在各地的科学家和研究机构之间的相互通信和共享资源的需求，变得越来越迫切。

1 古巴导弹危机发生于 1962 年，是"冷战"期间美苏两国之间最激烈的一次对抗。这场危机虽然仅仅持续了 13 天，但美苏双方在"核按钮"旁徘徊，使人类空前地接近毁灭的边缘，处于千钧一发之际，最后以美苏的相互妥协而告终，其中有不少值得总结、反思的经验教训。

1962 年，差点引发地球毁灭的古巴导弹危机[1]，使美苏发生核大战的可能性大幅上升。美国国防部开始考虑这样一个问题——如果只有一个集中的军事指挥中心，万一这个中心被苏联的核武器摧毁，那么军事指挥不就彻底瘫痪了吗？有没有必要设计一套分散的指挥系统，让分散的点之间，通过网状通信线路连接起来，使它们能够彼此联系、互为备份呢？

实际上，把独立的大型计算机相互连接在一起的念头，在美国科学界早已酝酿已久。有了科学家和研究机构的呼吁，再加上军事需求的加持，"天时、地利、人和"三大要素终于在 1967 年凑齐了。

ARPA 决定拨款 100 万美元，开启了建设计算机通信网的计划。兰德公司、麻省理工学院、英国国家物理实验室这些嗅觉敏锐的大型研究机构，在第一时间参与了该计划。其中一个非常关键的人物，就是当时年仅 29 岁的计算机天才拉里·罗伯茨（Larry Roberts）。技术能力超强的罗伯茨，一下子就被美国政府相中了。ARPA 信息处理技术处的官员软硬兼施、威逼利诱，终于把他挖了过来。

虽然一心只想闷头搞技术研究的罗伯茨，十分不情愿地到机关业务部门搞具体的建设项目，但既来之，则安之。他作为阿帕网项目的直接负责人，在项目的规划、架构、招标、技术路线选择、监督等方面都发挥了非常重要的作用。如果我们站在"上帝视角"回过头来看，罗伯茨的这次职业转型，为他提供了更广阔的发展平台，帮他赢得了"阿帕网之父"的美名。

1968 年，罗伯茨提交了一份名为"资源共享的计算机网络"的研究报告，提出了阿帕网的关键构建设想——设计一个接口消息处理器（IMP），对不同系统、不同语言计算机发送和接收的消息进行标准化处理，从而实现互相访问，并提出了首先在美国西海岸选择 4 个节点[1]（见图 3-4）进行试验。这份报告很快获得了批准。

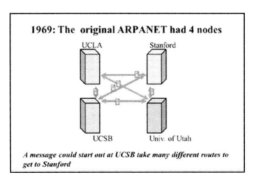

图 3-4　阿帕网最初的 4 个节点

一年后，一个激动人心的时刻到来了。

1　阿帕网最初的 4 个节点分别是加利福尼亚大学洛杉矶分校（UCLA）、斯坦福（Stanford）研究所、加利福尼亚大学圣巴巴拉分校（UCSB）和犹他大学（Univ. of Utah）。

1969 年 10 月 29 日，晚上 10 点半，参与阿帕网建设的加利福尼亚大学洛杉矶分校的查理·克莱恩，准备与斯坦福研究所进行连通性测试。传输的内容是 5 个字母"LOGIN"，意思是"登录"。见证了这一历史性时刻的伦纳德·克兰罗克，是这样描述当时的场景的：

我们发出字母"L"，对着话筒大喊："收到'L'了么？"对方说："收到了！"。我们又输入"O"，问："收到'O'了么？"对方说："收到了。"再输入"G"的时候，哦！通信中断了！

尽管这次实验只实现了"L""O"两个字母的传输，但意义重大，标志着阿帕网连通性测试的成功！同年 12 月，设备故障被彻底排除，4 家研究机构的大型计算机连接成网络，阿帕网宣告诞生。

阿帕网的诞生，标志着人类迈向了新的时代——网络时代。阿帕网掀起了一股接入网络、使用网络、建设网络、拓展网络的浪潮，势不可挡。

很快，1970 年，阿帕网开始向非军用部门开放，包括麻省理工学院、兰德公司等一大批高等院校、科研机构、智库。之后，阿帕网利用卫星技术跨越了大西洋，与英国和挪威实现了连接，计算机网络开始走向全球。

阿帕网的出现，给那些热衷于探索技术边界的黑客们，提供了大型的"游乐场"。他们开始研究网络体系结构、网络协议和各类应用，不断拓展新的玩法。也正是这种黑客文化，催化了美国信息技术（IT）产业新的一波快速发展，苹果、微软等一大批新的 IT 公司应运而生。

就像《威尔报告》所预测的，随着计算机用户的能力越来越强大，必然会有人开始琢磨，如何探测、利用计算机系统和网络中的漏洞，去做一些系统设计者们不希望看到的事情。

## 早期网络对抗活动出现

很快，阿帕网上的"宁静祥和"，就被尝试新奇玩法的黑客们打破了。

1971 年的一天，阿帕网中的部分计算机突然接收到一条来历不明的消息："我是爬行者，有本事你来抓我呀！"紧接着，与计算机相连的电传打字机自动将这条信息打印了出来。诡异的消息，加上莫名其妙打印出来的纸片，让人毛骨悚然。那么，到底是什么人在幕后操纵这一切呢？

原来，开发"爬行者"（Creeper）这个程序的，是一个名叫鲍勃·托马斯（Bob Thomas）的程序员。他来自阿帕网建造商之一——BBN 科技公司[1]。托马斯以探索计算机系统为乐，以做出前人没做过的事情为荣，可以称得上是一个典型的黑客。

托马斯设计"爬行者"程序的目的，是想看看能不能创建一个可以在计算机之间"自由穿梭"的程序。这一次，他成功了。他编写的"爬行者"程序，能沿着网络连接，将自身不断地复制到下一台计算机，同时在上一台计算机上实现自我清除。

1973 年，阿帕网上又出现了一个名为"清除者"（Reaper）的程序，它能够识别并删除"爬行者"程序。"清除者"程序在运行时，会在计算机上显示："我是清除者，我会抓住你的！""爬行者"和"清除者"的对抗，虽然没有造成任何破坏，但着实给当

1 BBN 科技公司是由麻省理工学院（MIT）教授 Leo Beranek、Richard Bolt 与其学生 Robert Newman 共同创建的，故名为 Bolt，Beranek and Newman 公司（BBN 公司）。该公司位于美国马萨诸塞州的剑桥市，因为取得 ARPA 的合约，曾经参与阿帕网与 Internet 的最初研发，在 20 世纪六七十年代被誉为剑桥的（哈佛、MIT 之外的）第三大学。2009 年该公司成为雷神公司的子公司。

时的阿帕网用户们留下了难以磨灭的印象。

当时，计算机学界和产业界都还没有计算机病毒和反病毒软件的概念，但黑客们创作的"爬行者"和"清除者"程序，实质上已经具备了计算机病毒和反病毒的特征；它们之间的对抗，也初步具备了网络对抗的特性。

可以说，这些黑客们在无意之中，书写了网络对抗历史的第一个篇章。黑客和黑客的活动，也从此成了计算机网络安全与对抗领域的一个重要部分。

虽然说，大多数黑客的动机很单纯，仅仅是探索和研究，但随着黑客活动越来越多、越来越深入，计算机系统和网络中各种各样的安全问题，被更彻底地暴露了出来。

那么，会不会有一天，黑客们"自娱自乐"的探索行为，将对网络安全造成严重威胁，甚至酿成重大灾难呢？

## 划重点

（1）多个指挥中心"互相连通、互为备份"的军事需求，与"连接不同地区、不同系统计算机，实现数据传输与共享"的民用需求，共同催生了互联网的前身——阿帕网。

（2）阿帕网的关键构建设想是设计一个接口消息处理器（IMP），对不同系统、不同语言的计算机所发送和接收的消息进行标准化处理，从而实现互相访问。

（3）"爬行者"程序能沿着网络连接，将自身不断地复制到下一台计算机；"清除者"程序能够识别并删除"爬行者"程序。这两个程序，具备了计算机病毒和反病毒的特征；它们之间的对抗，初步具备了网络对抗的特性。

## 参考文献

[1] 保罗·格雷厄姆. 黑客与画家[M]. 阮一峰，译. 北京：人民邮电出版社，2011.

[2] 袁载誉. 互联网简史[M]. 北京：中国经济出版社，2020.

## 扩展阅读

（1）黑客文化。（百度百科）

（2）美国国防部高级研究计划局。（百度百科）

（3）Creeper。（Malware History Wiki 官网）

## 自测题

**1．判断题**

"爬行者"（Creeper）病毒编写者的主要目的是尝试创建一个可以在计算机之间"自由穿梭"的程序。（　　）

**2．单选题**

对 20 世纪六七十年代早期黑客的描述，以下选项中最贴切的是（　　）

（A）利用掌握的高超技术对计算机进行破坏

（B）掌握多种计算机语言，专门编写恶意软件

（C）拥有高水平计算机技术，以追求新方法为乐趣，热衷探索技术边界

（D）追求高水平技术，推动了计算机网络的诞生

**3．多选题**

下列选项中，哪一项不属于建立阿帕网的初始需求（　　）

（A）将分布在不同地区研究机构的计算机连接起来实现信息共享

（B）构建能够抗毁生存的军事通信系统

（C）使不同系统不同语言计算机的信息和数据能够互通共享

（D）构建开放式的大型互联网络，吸纳更多机构和用户加入

**4．单选题**

阿帕网的一个关键创新是设计了（　　），将不同系统、不同语言计算机发送和接收的消息进行标准化处理，从而实现互相访问。

（A）TCP/IP 协议

（B）OSI 参考模型

（C）接口消息处理器（IMP）

（D）网络适配器

# 第四回　网络扩张生安全隐患 "莫里斯蠕虫"敲响警钟

上一回讲到，阿帕网的诞生给黑客们提供了新的大型"游乐场"。不过，由于在 20 世纪 70 年代初，阿帕网规模有限，用户数量较少，所以"爬行者"程序在网络上传播这种偶发事件，没有掀起太大的波澜，也没有引起计算机学界的高度警惕和强烈反应。

1972 年，阿帕网的节点数量仅有 40 个左右，每个节点都是一台大型计算机。那么这些计算机之间，是如何通信的呢？

就像我们在开会时的发言有个基本的规则和顺序一样，计算机之间的通信，也有一套通信规则和约定——网络通信协议。

## 异构网络间的通信问题，推动了 TCP/IP 协议的诞生

阿帕网最初使用的通信规则和约定是网络控制协议（Network Control Protocol，NCP）。而在当时，美军各军种、美国各科研机构陆续建立了本单位的分组交换网，这些机构的技术领袖和专家学者们非常关心，如何把自己所在机构的小网络，接入到阿帕网这张大网上面来。但是，阿帕网无法满足他们的愿望。

为什么呢？因为 NCP 并不完美。

NCP 本质上是一种"主机对主机"的通信协议，只能在同构环境中，也就是在一个单独的分组交换网上运行。而不同网络之间，如陆军的分组交换网和海军的分组交换网之间，就无法使用 NCP 来传输数据。

为了解决这个问题，ARPA 请来了网络通信专家罗伯特·卡恩。卡恩和他的工作伙伴温特·瑟夫 [1] 经过两年的潜心研究，在 1974 年发表了 *A Protocol for Packet Network Intercommunication*（分组网络互联协议）的论文，正式提出了为互联网奠基的伟大构想——开放的网络架构，以及能实现这个伟大构想的通信协议——TCP/IP 协议。用罗伯特·卡恩自己的话，是这么解释的，他说："IP 地址可以让你在全球的互联网中，联系任何一台你想要联系的计算机，让不同的网络在一起工作，让不同网络上的不同计算机一起工作。"

TCP/IP 协议的"沙漏"模型如图 4-1 所示

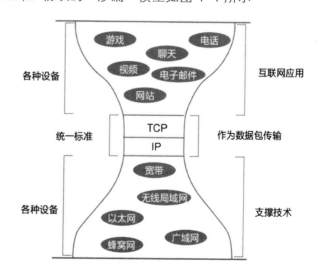

图 4-1　TCP/IP 协议的"沙漏"模型

1　罗伯特·卡恩（Robert E. Kahn）和温顿·瑟夫（Vinton G. Cerf）领导了 TCP/IP 协议的设计和实现，制定了网络的基本设计原则，建立了 TCP/IP 模型。两人于 2004 年获图灵奖。

　　然而，这个 TCP/IP 协议的提出，不可避免地会动了其他人的"奶酪"。因为，网络通信协议具有"非此即彼""赢家通吃"的特点，一旦用户选择了 TCP/IP 协议，那就意味着，其他协议会被弃之不用，所以 TCP/IP 协议在诞生之初，就如同枪打出头鸟一般，受到其他协议推动者的强烈抵制。

　　尤其是在 1978 年，TCP/IP 协议在完成基础架构搭建之初，国际标准化组织就推出了著名的开放系统互连（Open System Interconnection，OSI）七层参考模型。相形之下，显得比较简陋的 TCP/IP 协议又被拿出来奚落了一番。

　　但是，卡恩和瑟夫并没有放弃，他们借助阿帕网的影响力不断与各方交涉、积极斗争。同时，他们采取了开放路线，将 TCP/IP 协议免费授权给所有的计算机厂家使用。

　　1982 年，为了提升 TCP/IP 协议的标准化水平，卡恩和瑟夫发布了 TCP/IP 协议规范。规范的出台，使市面上各种各样的计算机硬件和操作系统之间都可以进行通信。

　　这个时期，在整个计算机产业中，形成了一股支持 TCP/IP 协议趋势，各个计算机厂商也因此不得不适应这种变化，不断生产支持 TCP/IP 协议的产品。

　　不过，此时的 TCP/IP 协议还没有完全确立其在计算机网络通信协议领域的主导地位。

　　帮助 TCP/IP 协议迈向顶峰的重要幕后推手，是 UNIX 操作系统。

# UNIX 操作系统和TCP/IP 协议双剑合璧、一统江湖

之前提到过，UNIX 操作系统是 20 世纪六七十年代"黑客文化"的巅峰之作。事实上，UNIX 操作系统的第一个版本，是在 1969 年"高大上"的马提克斯操作系统项目宣告搁浅之后，由马提克斯项目组成员、贝尔实验室的"传奇人物"肯尼思·汤普森自己折腾出来的。用汤普森自己的话说，那段时间刚好他老婆带孩子去外地休假，他就在实验室里加了 3 个星期的班，用汇编语言做了一个马提克斯操作系统的简化版。UNIX 最早是叫 UNICS，后来简化为 UNIX[1]。

1973 年，另一位创造了 C 语言的传奇人物丹尼斯·里奇，和汤普森一起，用 C 语言重新编写了 UNIX 操作系统的核心代码，使得 UNIX 能够很容易地移植到其他计算机上，UNIX 也成了第一个可以脱离它的原始硬件而存在的主流操作系统。

当时，开发操作系统相当困难，只有极少数大型计算机厂商才拥有自己的操作系统，而其他众多生产计算机的硬件厂商，只能使用别人开发的操作系统。自然而然地，UNIX 操作系统开始向实验室之外传播。

同样在操作系统领域，我们都知道，微软通过售卖 Windows 操作系统的授权，成了最赚钱的 IT 公司之一。但贝尔实验室的母公司 AT&T 并没有意识到 UNIX 是一个能赚钱的产品，AT&T 公司在 1973 年决定，一些高校只需要支付象征性的费用，就能得到 UNIX 操作系统的使用权。贝尔实验室也希望用户能对 UNIX 操作系统加以改进，还向这些高校提供了 UNIX 操作系统的完整源代码。

1 UNIX 名称是怎么来的呢？肯尼思·汤普森先是简单地把 Multics 的前缀 "Multi–" 改成了 "Uni–"，将它命名为 UNICS（UNiplexed Information and Computing Service），之后又进一步简化成了发音相同而字母更少的 UNIX。

　　不过，无心插柳柳成荫。没过几年时间，美国高校中就出现了大量会用 UNIX 操作系统进行编程的学生，他们从学校毕业后，又将使用 UNIX 操作系统的习惯带到了企业，从而让 UNIX 操作系统更快地普及开来。

　　20 世纪 80 年代初，随着计算机用户的快速增长，UNIX 操作系统迎来了自身发展的黄金时期。1980 年，ARPA 将 UNIX 操作系统推荐为首选的操作系统。1983 年，加利福尼亚大学伯克利分校发布了 UNIX 操作系统的一个新版本，先人一步地整合了 TCP/IP 协议，实现了"最受欢迎操作系统+最便捷网络协议"的强强联合，凭实力赢得了用户的青睐。

　　图 4-2 给出了 UNIX 操作系统的"进化"史。

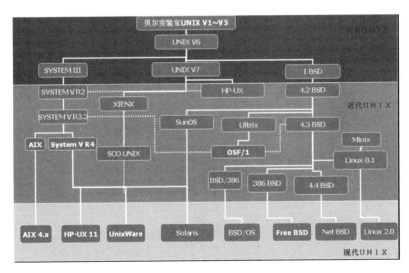

图 4-2　UNIX 操作系统的"进化"史

　　随着新版本 UNIX 操作系统的成功，TCP/IP 协议成为与 UNIX 操作系统深度绑定的默认网络协议。这时候 ARPA 顺水推舟，正式决定在阿帕网上淘汰 NCP，由 TCP/IP 协议取而代之。这个决定，彻底断送了来自欧洲、日本等地区极力推广的类似网络协议的前程。

这一次的"赢家通吃"影响非常深远，ARPA 通过 TCP/IP 协议，在某种程度上掌控了互联网通信规则未来发展的路径。

## 主流操作系统和网络协议并不安全

在快速发展、大获成功的光鲜之下，其实暗藏着各种各样的问题。伴随着用户规模的增长和网络规模的扩张，新的安全隐患也在悄无声息中滋长着。

当初，卡恩和瑟夫在设计 TCP/IP 协议时，阿帕网的规模很小，用户也都来自军事部门、科研院所等核心单位，他们希望抓紧解决 NCP 的局限性问题，让更多的网络连接起来，所以并没有过多地考虑安全方面的问题。

这就造成，TCP/IP 协议存在大量的设计缺陷。一个最典型的例子是，表示主机网络身份的 IP 地址，竟然可以通过某种手段进行伪造，而这个设计缺陷，会直接导致 IP 地址仿冒和 IP 地址欺骗（见图 4-3）两类安全隐患。

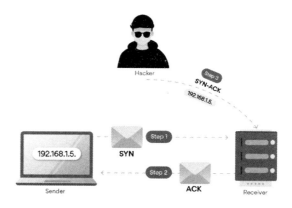

图 4-3    IP 地址欺骗

计算机网络协议这么不安全，用户该怎么办呢？只好指望操作系统了。让人失望的是，UNIX 操作系统的安全性也不能让人放心。

第二回在介绍第一个安全操作系统马提克斯时提到，马提克斯操作系统的开发经费非常充足，设计也非常科学合理，采用了圆环形的多级安全系统，但仍然没有通过"老虎队"的评估认证，最终只好接受失败的命运。

后来，不撞南墙不回头的早期安全研究人员，又花了很长时间去论证"理想的安全操作系统"，却始终无法推出一个能被市场认可的产品。

谁也没想到，真正走出来、被用户广泛接受的，竟然是 UNIX 操作系统这样一个实验性质的"小"项目。但 UNIX 操作系统不是商业产品，压根没有接受过商业软件那样严格的测试。丹尼斯·里奇直言，因为在开发过程中并没有高度重视安全性，UNIX 操作系统出现大量漏洞是必然的。

1981 年开展的一项对 UNIX 操作系统安全性的学术研究，发现了 6 大类 21 个新漏洞。奇怪的是，虽然这份研究报告在计算机安全研究圈子里流传甚广，但人们对如此严重的安全隐患，却不约而同地选择了视而不见的"鸵鸟"态度[1]，更不要说去身体力行地研究解决方案了。

著名的墨菲定律[2]告诉我们，有可能出事的地方，早晚会出事。几年之后，TCP/IP 协议的安全隐患和 UNIX 操作系统的漏洞，以一种戏剧性的方式来了一场技惊四座的表演。

1　"鸵鸟"态度指的是以一种懦弱的态度面对现实，不敢正视现实，以求得心理上的安全感，有点类似于我国古代寓言故事"掩耳盗铃"。

2　墨菲定律是一种启发性原则，常被表述为任何可能出错的事情最终都会出错。无论存在一个错误的方法，还是存在发生某种错误的潜在可能性，只要重复进行某项行动，错误就会在某个时刻发生。

## "莫里斯蠕虫"敲响警钟

1988 年 11 月 2 日，一段 99 行的程序，通过麻省理工学院的计算机进入阿帕网，最终感染了超过 6000 台计算机，几乎让美国的网络陷入瘫痪，堪称计算机发展史上的重大灾难。

引发这场灾难的始作俑者，是来自康奈尔大学的一年级研究生——罗伯特·塔潘·莫里斯（Robert Tappan Morris）。

1988 年，阿帕网已经拆分为军用网和民用网两部分，成为一个拥有 6 万台计算机的大型网络。这 6 万台计算机彼此连通，开辟了一个高效协作的崭新空间；但对于安全威胁，基本处于不设防的状态。

那么，这会带来怎样的后果呢？

莫里斯是个计算机天才，他在好奇心的驱使下，利用 UNIX 操作系统的邮件发送程序漏洞，加上从他在美国国家安全局工作的父亲那里弄来的一段神秘代码，编出了一个能够在网络上传播、猜测 UNIX 操作系统密码并获得操作系统控制权的 99 行的小程序。按照他的设计，这个程序能够在阿帕网上到处"游走"，这样一圈下来，他就可以知道阿帕网上到底有多少台计算机了。

1988 年 11 月 2 日这天，莫里斯的小程序上线了。让他万万没有想到的是——这段程序会重复感染同一台计算机，不断消耗计算机的资源，直到计算机彻底瘫痪！

这时莫里斯才发现问题的严重性，他赶紧在网络论坛上发帖道歉，并给出防止病毒感染的解决方案；但覆水难收，一切为时已晚。

当晚，从美国东海岸到西海岸，美国国家航空航天局以及许多军事基地和研究机构的计算机，一批又一批地接连瘫痪了。

事后，这个震惊世界的小程序被定名为"莫里斯蠕虫"，成了蠕虫病毒的开山鼻祖。莫里斯也因此成为第一个依据美国《计算机欺诈和滥用法》被起诉并定罪的人。

"莫里斯蠕虫"的出现，震惊了整个计算机圈子。随着 99 行小程序的传播，计算机病毒这个幽灵，被解除了封印，开始在计算机网络中扩散。

各单位的安全研究人员感受到了真实的压力。政府在第一时间决定组建计算机应急响应小组（Computer Emergency Response Team，CERT），系统管理员们则开始对计算机网络和操作系统进行更为深入细致的安全检查，思考更为有效的安全防护解决方案。

然而，摆在人们面前的难题是，随着网络用户规模变得越来越庞大，被发现的系统漏洞也越来越多。人们发现，仅仅依靠系统管理员，已经很难保证每一台计算机的安全了。这时候，另一个"英雄"登场了！他是谁呢？

## 划重点

（1）NCP 本质上是一种"主机对主机"的通信协议，只能在同构环境中，也就是在一个单独的分组交换网上运行。而不同网络之间是无法使用 NCP 来传输数据的。为了解决这个问题，罗伯特·卡恩和温特·瑟夫发表了 *A Protocol for Packet Network Intercommunication*，正式提出了为互联网奠基的伟大构想——开

放的网络架构，以及能实现这个伟大构想的通信协议——TCP/IP
协议。

（2）TCP/IP 协议和 UNIX 操作系统赢得了市场和用户，但在
它们设计之初未重视安全性，安全问题逐步暴露。

（3）"莫里斯蠕虫"是一个能够在网络上传播、猜测 UNIX 操
作系统密码，并获取系统控制权的 99 行小程序。

# 参考文献

[1] 袁载誉. 互联网简史[M]. 北京：中国经济出版社，2020.

# 扩展阅读

（1）震撼世界的"蠕虫"病毒案。(知乎)

（2）TCP/IP 协议竟然有这么多漏洞？（知乎）

# 自测题

## 1．判断题

IP 地址可以用于唯一标识互联网上的某台主机，无法被伪造。
（　　）

## 2．单选题

相较于 NCP，TCP/IP 协议最主要的贡献是解决了什么问题？
（　　）

（A）无法连接更大规模的计算机

（B）不同网络之间无法通信

（C）网络通信速率慢

（D）计算机间的通信安全

**3．单选题**

以下关于 TCP/IP 协议和 UNIX 操作系统安全性的说法，正确的是（　　）。

（A）TCP/IP 协议设计之初重视安全性，但是 UNIX 操作系统设计之初并未重视安全性

（B）UNIX 操作系统设计之初重视安全性，但是 TCP/IP 协议设计之初并未重视安全性

（C）UNIX 操作系统和 TCP/IP 协议设计之初都非常重视安全性

（D）UNIX 操作系统和 TCP/IP 协议设计之初都并未重视安全性

**4．多选题**

以下关于"莫里斯"蠕虫的说法中，正确的是（　　）。

（A）"莫里斯"蠕虫能够在网络上传播

（B）"莫里斯"蠕虫能够猜测 UNIX 操作系统的密码

（C）"莫里斯"蠕虫能够取得操作系统的控制权

（D）"莫里斯"蠕虫能够重复感染同一台计算机

# 第五回 防火墙加法律大棒
# 有攻有防乃成对抗

上一回讲道，"莫里斯蠕虫"利用 TCP/IP 协议和 UNIX 操作系统的多个安全漏洞，在短短 12 小时内席卷全网，震惊了美国社会乃至整个世界。

## 贝尔实验室自研防火墙，躲过"莫里斯蠕虫"

1 贝尔实验室成立于 1925 年，其工作主要分为基础研究、系统工程和应用开发。贝尔实验室是晶体管、激光器、太阳能电池、数字交换机、通信卫星、C 语言、UNIX 操作系统、蜂窝移动通信设备、通信网等重大发明的诞生地。

调查发现，贝尔实验室[1]（见图 5-1）的 300 多台计算机却幸免于难，而且这些计算机跟那些遭到入侵的计算机使用的操作系统完全一样。

图 5-1　贝尔实验室

那么，是什么原因，让贝尔实验室的计算机幸运地躲过了"莫里斯蠕虫"的无差别攻击呢?

关键的原因是贝尔实验室的比尔·切斯维克和他的同事们。他们在 1987 年就考虑到了可能出现的网络攻击,并在贝尔实验室的内部网络与外部网络之间部署了一道防火墙。到 1988 年"莫里斯蠕虫"爆发的时候,防火墙正好派上了用场,把"莫里斯蠕虫"传播的数据包挡在外面,让内部网络得到了保护。

说起防火墙,你可能并不会觉得陌生,很多人一提到网络安全,首先想到的就是防火墙。

但是,在那个年代,防火墙是一种全新的概念。它的出现,代表着从围绕单台计算机进行安全防护的"主机安全模型",到围绕多台计算机组成的网络进行安全防护的"外围安全模型"的转变。

这种转变意味着什么呢?意味着安全研究人员将工作的重心,从侧重于研究计算机操作系统的安全,转移到了研究为网络上所有的计算机构建可靠的外围防御。

这样一个巨大的转变是如何产生的呢?在防火墙出现之前,各单位的系统管理员又是如何开展安全防护的呢?

## 政府出台评估准则和联邦法律以提升计算机安全

最初,当计算机从单人使用发展到多人使用的时候,计算机安全研究人员很自然地将计算机系统安全防护的主要关注点放在计算机存储、处理、传输信息过程中的"保密性"上。也就是说,安全防护的主要目标是防止计算机被非法用户使用,防止计算机上的信息被非法用户窃取。

所以，在那个时候，最常用的手段是访问控制。也就是说，要想访问任何资源或数据，都必须得到授权。这样一来，计算机以及计算机上信息的保密性就得到了保护。

在这个阶段，出现了一个指导性的计算机系统安全评估标准，即美国国防科学委员会在 1970 年提出的 *Trusted Computer System Evaluation Criteria*（可信计算机系统评估准则）。后来，美国国防部公开发布了这套评估准则，因为该准则的封面是橙色的，所以业界称之为"橙皮书"。

"橙皮书"将计算机操作系统的安全性从低到高分成了 4 个安全等级，即 D、C、B、A。规定任何一个安全操作系统，必须通过测定的安全技术来控制对信息的访问，保证只有得到授权的用户或程序才能访问信息。

之后，有厂商按照"橙皮书"的 A 级标准，花了极大的代价，做出了通过国防部安全认证的操作系统，但由于售价太高，根本卖不动。而最为普及的 UNIX 操作系统，只能达到"橙皮书"的 C 级标准。

在现实世界中流行的计算机系统，很难通过添加安全功能来达到理论上更高的安全等级；按照理论上较高的安全等级，又无法制造出成本低廉、使用方便的操作系统。

换句话说就是，以"橙皮书"为代表的主机安全模型在现实中并不那么受欢迎，市面上到处都是不安全的 UNIX 操作系统，安装了这些不安全操作系统的计算机，自然很难防范那些蓄意侵犯并拥有强大耐心和灵活手段的攻击者。事实也证明了这一点。

在 1979 年到 1983 年期间，当时只有十几岁的凯文·米特尼克，通过冒充身份打电话查询、收集线索猜测密码等一些没什么技术含量的方式，就入侵了北美防空司令部，破译了太平洋电话公司的密码，非法进入了美国国防部五角大楼的内部网络。

一个没什么技术功底的少年，竟然能如此轻而易举地入侵这么多重要机构的计算机，这让美国政府和军方很没面子。

针对类似凯文·米特尼克的这种网络入侵活动造成的恶劣影响，美国政府于 1984 年开始制定 *Computer Fraud and Abuse Act*（计算机欺诈和滥用法，CFAA）。CFAA 于 1986 年正式成为美国第一部针对计算机犯罪的联邦法律。

值得一提的是，制定这部法律，从开始酝酿，到开始制定，再到最终推出，前前后后花了 7 年多。之所以如此费劲，其中一个重要原因是受害者的态度非常消极。怎么会有如此奇怪的事情呢？难道被入侵的机构不希望尽快把攻击者绳之以法吗？

原来，遭到入侵的受害者，通常都是一些非常注重声誉的大公司、大机构，这些大公司、大机构都不愿承认自己的计算机曾遭受过入侵，更不愿意提供遭受攻击的证据。

一旦这些大公司、大机构承认被人入侵的事实，那么公众就会知道，他们的系统有多么脆弱，以后再也不会放心使用他们的产品或服务了。

面对如此两难的情况，这些大公司、大机构不得不在另外一个方向上做出选择，也就是主动加强自身的计算机安全防护措施。

# 安全研究人员设计防火墙，用于保护大型网络

　　一家大公司或大机构可能拥有几百甚至上千台存在漏洞的计算机，如何保证所有计算机的安全呢？显然需要全新的安全防护思路，否则就会陷入一台台地修复计算机安全漏洞的泥潭。这时候，一些安全研究人员从建筑设计中的防火墙（见图 5-2）得到了灵感。

图 5-2　建筑设计中的防火墙

　　建筑设计师通过使用防火墙来阻止火势蔓延到易燃的房屋，从而保护房屋内的居民。类似地，在计算机安全领域中，也可以将防火墙放在内部网络和外部网络之间（见图 5-3），为容易受到攻击的内部计算机提供安全防护。这样一来，部署了防火墙的公司就拥有了一个可靠的"外围"，不必去关注内部往来中每台计算机的安全了。不过，这样的话，一旦有防火墙被绕过或者被入侵，就失去了防护的效果，防火墙内的所有计算机就危险了。这就对网络管理员提出了很高的要求。

内部网络　　　　　　外部网络

图 5-3　防火墙的工作原理

网络管理员通常会要求出入内部网络的所有通信必须通过防火墙，并且只有网络管理员明确允许的网络流量才能通过防火墙。这种策略，我们叫做白名单策略，也就是，除非报备登记，否则一概拒绝。

还有一种叫做黑名单的策略，网络管理员会将他认为有风险的网络应用、网络传输地址、网络流量等添加到一个"禁止通行"的黑名单上，除黑名单外的网络流量一概予以放行。

那么，到底什么时候用白名单策略，什么时候用黑名单策略呢？这就需要根据不同的情况来作出选择了。

可想而知，为防火墙配置安全策略成了一项非常艰巨的任务：规则设置得太紧，会限制正常的网络访问；规则设置得太松，又可能造成风险。

网络应用千差万别，攻击手段更是千变万化，网络管理员必须时刻保持审慎而灵活的状态，不断对安全策略进行调整。实际上，要想把这件事做好，难度是非常大的。

在防火墙技术已经比较成熟的 2004 年，一项针对 37 个大型机构防火墙配置情况进行的调研发现，超过 90% 机构的防火墙配置存在错误。2010 年的后续调研，再次发现很多机构的防火墙配置仍然存在很多问题。

尽管存在这样或那样的问题，防火墙的出现仍然是网络对抗发展历程中的一个非常重要的里程碑，它标志着网络对抗领域中防护力量的诞生。

## 计算机应急响应小组成立

"莫里斯蠕虫"事件后，贝尔实验室的防火墙一夜成名。而绝大多数没有防火墙的网络管理员在应对"莫里斯蠕虫"时手忙脚乱、焦头烂额。为了在类似事件再次发生时能够做出更加有效的应对，美国政府痛定思痛，决定出资在卡内基梅隆大学（Carnegie Mellon University）组建全球首个计算机应急响应小组（CERT），负责对安全事件进行处理、协调，以及提供技术支持。此后，世界各国陆续成立了类似 CERT 的机构。

在 20 世纪 80 年代末，以防火墙为代表的网络安全防护手段、以"橙皮书"为代表的安全评估规范、以《计算机欺诈和滥用法》为代表的法律，加上以 CERT 为代表的安全防护机构，共同撑起了"网络安全防护"的一片天。政府部门、科研机构、大公司和大企业，成为网络对抗中"主防"的一方。

"莫里斯蠕虫"事件在让公众了解网络攻击危害的同时，也在无形之中让一些本就心术不正的黑客"像鲨鱼闻到血腥味"一样，走上了作恶的道路。在"莫里斯蠕虫"爆发、源代码泄露之后，不断有人对"莫里斯蠕虫"的源代码进行修改，持续利用它进行恶意入侵，甚至进行敲诈勒索。

在公众的眼中，以罗伯特·塔潘·莫里斯被公开起诉定罪这件事为分水岭，"黑客"这个词进一步广为人知，但其内涵却发生了一些微妙的变化。黑客似乎是一种具有超能力的人，他们来无影去无踪，能用看不懂的"巫术"，在网络世界中达到自己的目的。这些各自为战的黑客，虽然是散兵游勇、善恶不分，但其能量不容小觑。他们成为网络对抗中"主攻"的一方。

有攻有防，乃成对抗。至此，网络对抗的格局就初步形成了。

## 划重点

（1）"橙皮书"将计算机操作系统的安全性从低到高分成了 4 个安全等级，即 D、C、B、A，并且规定任何一个安全操作系统，必须通过测定的安全技术来控制对信息的访问，保证只有得到授权的用户或程序才能访问信息。

（2）美国政府于 1984 年开始制定《计算机欺诈和滥用法》，该法律于 1986 年正式签署，成为美国第一部针对计算机犯罪的联邦法律。

（3）在计算机安全领域中，防火墙被部署在内部网络和外部网络之间，为容易受到攻击的内部网络计算机提供安全防护。防火墙的出现，代表着从围绕单台计算机进行安全防护的"主机安全模型"到围绕多台计算机组成的网络进行安全防护的"外围安全模型"的转变。

（4）白名单策略指只有网络管理员明确允许的网络流量才能通过；黑名单策略指除黑名单外的所有网络流量一概予以放行。

## 参考文献

[1] Cheswick Bill. The Design of a Secure Internet Gateway [R]. New Jersey: AT&T Bell Laboratories, 1990

[2] U.S. Department of Defense. Trusted Computer System Evaluation Criteria[R]. Washington DC： U.S. Department of Defense,1985.

[3] 徐原. 国际网络安全应急响应体系介绍[J]. 中国信息安全，2020（3）：32-35.

## 扩展阅读

（1）防火墙技术原理。（CSDN）

（2）美国《计算机欺诈和滥用法》评述。（知乎）

## 自测题

**1. 单选题**

防火墙代表了从主机安全模型到（　　）的范式转变。

（A）内生安全模型

（B）外围安全模型

（C）主动安全模型

（D）零信任安全模型

**2. 判断题**

为了确保网络安全，系统设计人员会让防火墙尽可能配置更多策略。（　　）

**3. 判断题**

只有管理员明确允许的网络流量才会被允许通过防火墙，这是一种"默认拒绝"的白名单方法。（　　）

**4．单选题**

为了确保计算机在存储、处理和传输信息过程中的"保密性"，最常用的防护手段是（　　）

（A）渗透测试

（B）入侵检测

（C）访问控制

（D）信息隐藏

# 第二篇
# 破圈发展

万维网风靡破壁垒　大发展潜藏险和危
三教九流攻势猛　"脚本小子"任我行
漏洞研究成气候　容易攻击难防守
筑墙扫漏检入侵　网安三叉戟出阵
网安产业引人才　黑白合力建生态

# 第六回　万维网风靡破壁垒
## 大发展潜藏险和危

1983 年，中国从德国进口了 19 台西门子大型计算机，第一次产生了中德计算机相互连接的想法。

1987 年 9 月 14 日，中德两国科学家共同起草了中国第一封跨国电子邮件（见图 6-1），内容为 "ACROSS THE GREAT WALL WE CAN REACH EVERY CORNER IN THE WORLD."（跨越长城，走向世界。）9 月 20 日，这封电子邮件穿越半个地球抵达德国。9 月 25 日，中国媒体报道，中国通过德国方面与世界 1 万所大学、研究所和计算机厂家建立了计算机连接。

在 20 世纪 80 年代，互联网虽然统一了通信协议，但其技术门槛仍然很高。互联网主要应用于政府部门、研究院所、大公司，以及经济实力很强的计算机技术发烧友。对于普通大众而言，互联网还是一种"高不可攀"的高科技。

当时互联网的主流应用是 E-mail（电子邮件）和 BBS（电子公告栏）；要想在不同计算机之间传输文件，还是一件非常烦琐且需要专业技术的事情。这对今天的我们来说，简直是难以想象的。

```
DATE:      MON, 14 SEP 87 21:07 CHINA TIME
FROM:      "MAIL ADMINISTRATION FOR CHINA" <MAIL@ZE1>
TO:        ZORN@GERMANY, ROTERT@GERMANY, WACKER@GERMANY, FINKEN@UNIKA1
CC:        LHL@PARMESAN.WISC.EDU, FARBER@UDEL.EDU,

           JENNINGS%IRLEAN.BITNET@GERMANY, CIC%RELAY.CS.NET@GERMANY, WANG@ZE1,

           RZLI@ZE1
SUBJECT:   FIRST ELECTRONIC MAIL FROM CHINA TO GERMANY


"UEBER DIE GROSSE MAUER ERREICHEN WIE ALLE ECKEN DER WELT"

"ACROSS THE GREAT WALL WE CAN REACH EVERY CORNER IN THE WORLD"


DIES IST DIE ERSTE ELECTRONIC MAIL, DIE VON CHINA AUS UEBER RECHNERKOPPLUNG
IN DIE INTERNATIONALEN WISSENSCHAFTSNETZE GESCHICKT WIRD.

THIS IS THE FIRST ELECTRONIC MAIL SUPPOSED TO BE SENT FROM CHINA INTO THE
INTERNATIONAL SCIENTIFIC NETWORKS VIA COMPUTER INTERCONNECTION BETWEEN
BEIJING AND KARLSRUHE, WEST GERMANY (USING CSNET/PMDF BS2000 VERSION).

    UNIVERSITY OF KARLSRUHE         INSTITUTE FOR COMPUTER APPLICATION OF
  -INFORMATIK RECHNERABTEILUNG-     STATE COMMISSION OF MACHINE INDUSTRY
           (IRA)                                (ICA)

  PROF. WERNER ZORN                 PROF. WANG YUN FENG
  MICHAEL FINKEN                    DR. LI CHENG CHIUNG
  STEFAN PAULISCH                   QIU LEI NAN
  MICHAEL ROTERT                    RUAN REN CHENG
  GERHARD WACKER                    WEI BAO XIAN
  HANS LACKNER                      ZHU JIANG
                                    ZHAO LI HUA
```

图 6-1　中国的第一封跨国电子邮件

可以说，当时的互联网，跟普通人的工作和生活基本上没什么关系。虽然包括中国在内的越来越多国家的科学工作者陆续接入互联网，但由于互联网对大众缺乏吸引力，因此互联网的规模一直停滞在 10 万台主机这个量级上。

至于原因，再清楚不过了，就是互联网上的主机之间，仿佛有一道道无形的壁垒，阻挡着信息的便利共享。

如何打破这个壁垒，让更多人都能在互联网上探索、驰骋呢？

## 万维网的出现降低了信息共享门槛

时势造英雄。一个新的英雄出现了，他就是万维网之父——蒂姆·伯纳斯-李（Tim Berners-Lee，见图 6-2）。

图 6-2  蒂姆·伯纳斯–李

如果说互联网的核心功能是让计算机之间能够"互相通信"，那么可以说蒂姆·伯纳斯–李在互联网上搭建了一个平台，让这个平台上的计算机之间能够"自由访问"。

蒂姆·伯纳斯–李出生于英国，他的父母参与了世界上第一台商业计算机的建造，因此他从小就受到计算机科学的熏陶。

1984 年，一个偶然的机会，蒂姆·伯纳斯–李来到瑞士日内瓦，进入了世界上最大的粒子物理学实验室——欧洲核子研究组织[1]的总部工作。

1 欧洲核子研究组织（CERN）成立于1954 年，位于瑞士日内瓦西部接壤法国的边境，是世界上最大的粒子物理学实验室，也是万维网的发源地。

在这里，年轻的蒂姆·伯纳斯–李接受了一项富有挑战性的任务——开发一个软件，功能是让欧洲各国的核物理学家们通过网络方便地共享信息，这些信息包括分布在各国各地物理实验室、研究所的最新信息、数据和图像资料。经过努力，蒂姆·伯纳斯–李取得了成功。

初战告捷，激发了蒂姆·伯纳斯–李的创造热情，他打算干一件大事——彻底打破全世界计算机之间的信息传输壁垒，建立一个覆盖全球的信息便捷共享平台。

1989 年 3 月，蒂姆·伯纳斯–李向欧洲核子研究组织递交了一份立项建议书，建议采用超文本技术，把欧洲核子研究组织内部的各个实验室连接起来。系统建成之后，未来还可能扩展到全世界。

这个激动人心的建议，在欧洲核子研究组织掀起了轩然大波，但这里终究是核物理研究组织而不是计算机网络实验室，他的建议没有获得通过。蒂姆·伯纳斯–李没有放弃，他花了 2 个月重新修改了建议书，加入了对具体开发步骤和美好应用前景的阐述，言辞恳切，这一回终于得到了上级的批准。

在重新修改后的建议书中，蒂姆·伯纳斯–李提出了实现"信息共享平台"的几个关键技术：第一个，是超文本传输协议（HTTP），允许用户通过单击链接的方式来访问其他资源，就是我们现在熟悉的"超链接"；第二个，是超文本标记语言（HTML），将文本、声音、图像等各类信息，变成统一格式的页面文件，方便在不同计算机上显示，就是我们现在熟悉的网页；第三个，是统一资源定位符（URL），作为各类资源的访问地址，由特定的字符组成，就是我们现在熟悉的网址。这几项关键技术组合在一起，加上网站服务器、网页浏览器等支撑系统，开创了互联网新一代"现象级应用"——万维网。简单来说，就是访问网站、浏览网页。

## 万维网规模迅速扩张

蒂姆·伯纳斯–李的建议书获得通过后，他开始率领助手开发万维网的试验系统。1990 年，他建成了世界上第一台网站服务器，用户可以在客户端访问这台服务器，并打开网页上的实验室电话号码簿，让网站服务器帮助用户查询实验室同事的电话号码。

1991 年 8 月 6 日，蒂姆·伯纳斯–李将他的成果带出实验室，在互联网上建立了第一个正式的万维网网站，以图形化、便于访问的方式，向全世界的互联网用户开放，并公开回答了什么是万维网、如何浏览网页、如何搭建网站服务器等问题。就这样，在互联网中的计算机之间分享信息的无形壁垒，被万维网打开了一个缝隙。万维网的第一个网页如图6-3所示。

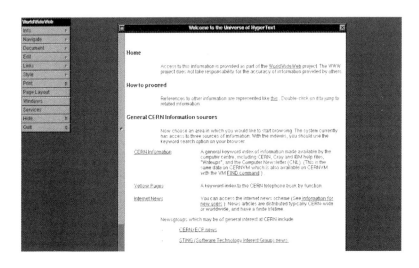

图6-3　万维网的第一个网页

在万维网出现之前的互联网中，只有专业的人士才能通过复杂的代码程序，前往特定的地方，得到特定的信息。万维网，则让人们通过简单的网址，就可以直达万里之外的某台网站服务器；同时，通过链接和跳转，让用户可以从一台主机"瞬间"移动到另一台主机。网页可以承载文字、图像、音频和视频等多种媒体，还能实现电子邮件、文件传输等用户最重视的基本功能。

1993年初，一款以方便普通用户使用为设计目标、名为"马赛克"的图形化界面网页浏览器[1]（见图6-4），进一步降低了用户使用互联网的门槛，只要会用键盘和鼠标，就能上网。这使互联网真正走向普通人，也吸引了越来越多的信息分享者在互联网上开设自己的网站。

1　"马赛克"浏览器是互联网历史上第一个获得普遍使用和能够显示图片的网页浏览器，由伊利诺伊大学厄巴纳–香槟分校（University of Illinois Urbana–Champaign，UIUC）于1993年发布。"马赛克"浏览器是点燃了后期互联网热潮的火种之一。

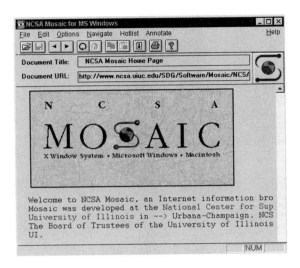

图 6-4　"马赛克"浏览器

1993 年 4 月，蒂姆·伯纳斯-李的团队和欧洲核子研究组织宣布，放弃万维网的专利权。从此，万维网技术的传播，再也没有了任何障碍。

从那时起，万维网的规模开始以指数级增长。网站服务器的数量，从 1993 年 4 月的区区 60 台，增加到 1993 年年底的 500 台；到 1994 年年底，又增加到 10000 台，万维网的总用户数达到 1000 万人。"上网冲浪"成了当时最热门的时尚。

## 繁荣背后，万维网也存在安全隐患

历史再一次告诉我们：新的技术形态、新的应用产品，以及整个行业生态快速发展的大繁荣，必然会带来安全防护方面的新问题。何况，万维网的设计初衷是促进网络信息的便利化共享，而共享、便利从某些方面来说与安全是对立的。

万维网在打破信息共享壁垒的同时，也带来了深层次的安全隐患。这些隐患虽然暂时没有显露出来，却是真实存在的，就像一头慢慢向人们靠近却不引起人们重视的"灰犀牛"[1]。

第一个隐患是网站提供者和软件厂商重效率、轻安全。有句俗语叫"萝卜快了不洗泥",意思是当买方需求量大的时候,卖方的产品质量差一点,也能被接受。万维网的爆炸式发展,像一股强劲的冲击波,冲击着政府机构、高校和大公司。大量新网站在你追我赶的氛围中快速设立,代码不规范、服务器配置错误等低级安全问题比比皆是。

与此同时,万维网核心软件——网页浏览器的开发者,为了效率也刻意忽略安全问题。20 世纪 90 年代中期,微软和网景两家公司在浏览器领域展开激烈竞争。有趣的是,这两家公司不谋而合,都选用了 C 语言来编写浏览器。实际上,网景和微软都知道,使用 C 语言编写的程序往往会包含一些漏洞;但这两家公司还是不约而同地选择了 C 语言,这是因为用 C 语言设计软件的效率更高。

这造就了这样一个事实:网景和微软明知自家的浏览器产品有漏洞,但为了快速占领市场,却掩耳盗铃、蒙眼狂奔。

第二个隐患是网站服务器可能成为入侵内网的跳板。提供网站服务的往往是拥有庞大信息资源的大公司、大机构,当时的网络防护模式是在网络边界部署防火墙。但是,要提供网站访问服务,意味着必须让防火墙允许外部用户发起的访问流量合法地通过内部网络和外部网络的边界,访问内部网络中的网站服务器。这对内部网络中的其他主机造成了威胁。

为解决这个问题,有人提出了 DMZ[2],也就是缓冲区的概念,这里指的是内部网络和外部网络之间的缓冲区。设立 DMZ 的主要目的是把网站服务器单独放在这里,让网站在正常向外提供服务

1　"灰犀牛"一词出自米歇尔·渥克的《灰犀牛:如何应对大概率危机》,通常指那些经常被提示却没有得到充分重视的大概率风险事件。

2　DMZ 是英文 DeMilitarized Zone 的缩写,中文名称为隔离区,也称为非军事化区。DMZ 是为了解决安装防火墙后外部网络的用户不能访问内部网站服务器的问题而设立的一个非安全系统与安全系统之间的缓冲区。

的同时，不会把内部网络的其他计算机直接暴露出来。但 DMZ 解决不了根本问题，万一外部网络的入侵者通过某种手段取得了网站服务器的控制权，仍然能够以网站服务器为跳板，进一步入侵内部网络。DMZ 示意图如图 6-5 所示。

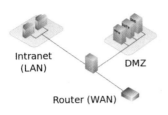

图 6-5　DMZ 示意图

第三个隐患是万维网的客户端可能遭到入侵。刚才我们提到，万维网的客户端，也就是用户的计算机，它上面运行的网站浏览器本身可能存在被利用的漏洞。基于浏览器开发的各类网络应用，又增加了新的漏洞，这让网络用户面临严重的入侵风险。

比如，为了让用户能够通过网页和网站服务器进行交互，有人开发了嵌入式聊天室、网页游戏等基于浏览器的应用。这些应用，由于涉及脚本、控件等可以做手脚的代码，很容易被人恶意利用，以获得用户计算机上原来不允许的更多访问权限。

也就是说，如果你访问了这些人发布的网站并运行了这些人制作的网络应用程序，你自己计算机上的文件就有可能被他们看到，甚至被删掉。这也是为什么我们经常说，要避免访问陌生网站的原因。

万维网的诞生全面激活了互联网，使计算机和互联网这些"旧时王谢堂前燕"，飞入了"寻常百姓家"。与此同时，由于万维网的发展速度过快，而软件厂商重效率、轻安全，网站服务器和用户计算机面临的安全威胁与日俱增，万维网的安全让人充满了忧虑。

在互联网规模以指数级增长、新的安全防护模型尚未建立起来之际，这头网络安全隐患的"灰犀牛"，真会向人们扑过来吗？

## 划重点

（1）万维网的出现打破了互联网的信息壁垒，它在20世纪90年代迅猛发展，极大地促进了信息交流与资源共享，使得互联网真正走向普通人。

（2）万维网促进了行业生态的大繁荣，也带来了新的安全隐患：

① 网站提供者和软件厂商重效率、轻安全；

② 网站服务器可能成为入侵内部网络的跳板；

③ 万维网的客户端可能遭到入侵。

## 参考文献

[1] 徐先玲，靳轶乔. 互联网的前世与今生[M]. 北京：中国商业出版社，2018.

[2] 吴军. 浪潮之巅[M]. 北京：电子工业出版社，2011.

# 扩展阅读

（1）A short history of the Web。（CERN 官网）

（2）Tim Berners-Lee's original World Wide Web browser。（CERN 官网）

（3）浏览器的发展。（知乎）

# 自测题

**1.单选题**

20 世纪 90 年代之前，计算机网络的主要应用不包括（　　）。

（A）收发电子邮件

（B）传输文件

（C）发帖灌水

（D）浏览网站

**2.多选题**

支撑万维网服务实现的关键工具，包括（　　）。

（A）超文本传输协议（HTTP）

（B）超文本标记语言（HTML）

（C）统一资源定位符（URL）

（D）Web 浏览器

**3．判断题**

DMZ 是指内部网络和外部网络之间的缓冲区域，一般会将网站服务器放在此区域。（　　）

**4．判断题**

Web 网站设计之初很少考虑安全问题，同时为增加交互性使用了脚本和控件，进一步增大了安全风险。（　　）

# 第七回 三教九流攻势猛 "脚本小子"任我行

在万维网普及之前，影响比较大的网络攻击事件，基本上都是入侵政府机构和各大公司的内部网络，并且攻击的技术门槛比较高。其中有些事件格外引人注目，这里着重讲述其中两个事件。

第一个事件：1991 年，一群荷兰黑客入侵了美国国防部的内部网络，访问了美国陆军、海军、空军的多台计算机，获取了关于海湾地区的军事人员和设备的大量敏感信息。不过，由于荷兰属于北约，这些敏感的军事信息也没有泄露给伊拉克，美国和荷兰两国政府并没有追究当事人的责任。但该事件充分展现了网络入侵的潜在影响力，对军事和战略价值目标的网络入侵行动开始出现。

第二个事件：1994 年，俄罗斯黑客列文带着几个助手，入侵了美国花旗银行（CitiBank）的内部网络。当时，花旗银行还没有开通基于万维网的网上银行业务。列文进入花旗银行的内部网络后，通过更改账户余额信息的方式，陆续将 1000 万美元转到了自己和朋友的账户上。后来，花旗银行发现客户账户上的钱不翼而飞，才在惊慌之间找到了美国联邦调查局。美国联邦调查局经过追查，最终抓到了正在 ATM 自动取款机上取款的列文，并在美国对他进行了审讯，判处列文 3 年徒刑。该事件标志着以非法获取经济利益为目标的网络入侵行动开始出现。

上面这两个事件的主角，不管是荷兰人还是俄罗斯人，都属于没有任何政府、学术界和产业界背景的民间黑客，他们的共同点是拥有非常高超的技术水平，有能力对防护严密的大型机构内部网络发动入侵。

万维网普及之后，网络对抗领域的格局出现了明显的变化。

## 万维网的出现使网络攻击门槛大幅降低

上一回讲到，万维网从根本上降低了人们访问互联网的门槛，互联网从拥有专业知识才能访问的"阳春白雪"，逐渐转变为没有任何知识背景的普通人也能访问的"下里巴人"。同时，万维网的普及，也派生出一系列的安全隐患。

互联网的业内人士心里其实都明白，万维网安全隐患越来越严重，迟早有一天要大爆发。

为什么这样说呢？

第一，在万维网时代，互联网用户数量超过千万。那么，网民基数的大幅增加，意味着有能力发起网络攻击的人数也大大增加了。

第二，网站数量数以万计，客户端数量数以百万计，可攻击的目标基数大幅增加了。

第三，以往的攻击者只能入侵大机构的内部网络，难度很大。如今这些机构基本上都开设了可以公开访问的万维网网站，而由于网站在服务器、浏览器、客户端等方面都有一些安全缺陷，实施攻击的技术难度也大大降低了。

基于以上三个原因，万维网安全隐患这头"灰犀牛"不可避免地会咆哮而至，大量的网络攻击将扑面而来。

万维网普及后的网络攻击事件众多，本书仅介绍其中三个有代表性的小故事。

第一个小故事的关键词是"脚本小子"。

1994 年，美国当时最大的网络运营商之一——美国在线，遭到了一群"脚本小子"的严重破坏。"脚本小子"到底是谁呢？所谓"脚本小子"，是指他们只对在网络上实施入侵、攻击、恶作剧本身感兴趣，对计算机和网络的原理、各种编程技术的了解比较粗浅，自己并没有动手制作攻击工具的能力，全靠"拿来主义"。以拿别人编好的现成源代码，到处搞破坏为乐。在庞大的网民群体中，活跃着大量的"脚本小子"。

这次破坏活动，开始于一个 17 岁的少年黑客。为了抗议美国在线的网页限制政策、发泄不满，他使用美国在线提供的编程接口，编写了一个名为"活见鬼"的工具包。该工具包具有自动发送垃圾邮件、在聊天室自动发送轰炸性的垃圾消息、创建虚假账户免费上网、通过自动聊天套取对方账号密码等一系列自动化的功能。然后，他把这个工具包放到了网上，开始到处呼朋唤友，一起搞破坏。

来自美国各地、无所事事的"脚本小子"们下载了这个工具包，开启了一场持续一周的破坏活动。这场破坏活动，导致美国在线用户的电子邮箱被塞爆，聊天室被重复的消息刷屏。更可气的是，"脚本小子"们用的都是匿名账户或盗取的他人账户；美国在线不仅抓不到任何肇事者，还得为他们访问网络产生的费用买单。这件事，标志着攻击技术拥有者和攻击行为发起者分离现象的出现。

第二个小故事的关键词是"群众演员"。

1995 年，为了抗议法国政府的核电站发展政策，巴黎的一个社会团体决定要在互联网上搞一场虚拟抗议活动。有趣的是，这个团体没有借助任何程序和代码来对目标网站实施攻击，而是组织了大量抗议群众，在同一时间集中访问法国政府的某个网站，并反复地刷新、加载，硬生生地把这个网站给搞瘫痪了。

当然，这种方式是纯"人力"实现的，效率非常低下。但这件事表明，不依赖网络技术或只依赖很初级的网络技术，同样可以发起破坏性的网络攻击。

第三个小故事的关键词是"挂黑页"。

1996 年 8 月，美国司法部的网站服务器遭到黑客攻击。黑客把主页上的"美国司法部"改成了"美国不公正部"，把司法部部长换成了阿道夫·希特勒，把司法部的徽章换成了纳粹党党徽。

一个月之后，黑客又光顾了美国中央情报局的网站服务器，把主页上的"中央情报局"改为"中央愚蠢局"。1996 年 12 月，黑客又入侵了美国空军的网站服务器，把主页上关于空军介绍、新闻发布等内容换成了一段色情录像，同时声称美国政府所说的一切都是谎言。这次入侵行为，让美国国防部迫于压力暂时关闭了 80 多个军方网站。

除了政府机构和军方网站，雅虎等大型门户网站，也多次遭遇这种篡改网站内容的"挂黑页"攻击。一般情况下，攻击者只需要利用一些公开的网页篡改工具，就可以对那些没有及时修补漏洞的网站实施类似的攻击。由于网站的数量实在太多，缺乏安全意识的网络管理员也不在少数，"挂黑页"攻击基本上每天都在发生。

## 网络攻击者的规模急剧膨胀

三个小故事讲完了。你觉得，这些小故事中的网络攻击行动，跟本回开始的两个内部网络被入侵的事件相比，技术含量高不高？显然，除了开发攻击工具的人，其他人的行动基本上没什么技术含量。而在媒体对这些小故事的新闻报道里面，仍然会以"黑客"来称呼故事的主角。

这充分反映，网络对抗中"主攻"一方的规模急剧膨胀。除了醉心技术、好奇探索、探测系统边界、不主动侵犯他人利益的传统黑客，抱有特定政治、经济目的，通过网络入侵和破坏达到目的的"入侵者"越来越多，甚至出现了大量"既没有高超技术、又没有钻研精神，只有青春期的荷尔蒙、无知者无畏"的"脚本小子"，他们对网络技术缺乏理解、也缺乏敬畏，只要拿到攻击的工具，就没头没脑地乱冲一气，完全不为攻击后果负责。

来自技术社区的传统黑客，不屑与这些"入侵者"和"脚本小子"为伍，称他们为"Cracker"（中文译名为骇客），认为他们是不负责任、不光明磊落甚至有罪的人。但很多媒体和公众不明就里，没有办法将真正的黑客和"入侵者""脚本小子"区分开来。

同时，这些来自三教九流的网络攻击者，向世人展示了网络攻击的形形色色动机——有人是为了炫技，有人是为了好奇，有人是为了偷情报，有人是为了谋利益，有人是为了泄私愤，有人是为了反政府，有人是为了搞抗议，有人是为了恶作剧……

大部分攻击并没有造成严重的后果，只是让遭受攻击的机构或脊背发凉、惊出冷汗，或颜面扫地、尴尬不已。比起互联网和万维网带来的巨大好处，这些似乎算不上什么特别大的事情。

## 网络对抗的生态体系不断演化

不过，事情并没有看上去那么简单。互联网已经发展成为一个规模巨大、涉及利益主体广泛、社会影响深刻、技术元素庞杂的"复杂巨系统"，网络对抗的生态体系也随之从简单的"二元对立"，向更多攻击主体、更多防护目标、更多攻防手段、更多对抗范式演化。

低层次的攻击者，使用一些简单的攻击手段"你方唱罢我登场"，热闹非凡。然而，这些被媒体披露出来、被公众看到的，却只是网络对抗的"冰山一角"；在深邃的"海面"之下，真正的技术精英们，正在持续研究更多未知的安全漏洞、更致命的攻击手段。

如果这些更致命的攻击手段被公诸于世，会引发怎样的连锁反应呢？

## 划重点

（1）万维网安全问题爆发的原因如下：

① 攻击者的规模越来越大；

② 可攻击的目标越来越多；

③ 实施攻击的技术难度大大降低。

（2）万维网使网络对抗的格局出现明显变化，网络对抗中的攻击者规模急剧膨胀，出现大量"脚本小子"，同时网络对抗的生态体系向更多攻击主体、更多防护目标、更多攻防手段、更多对抗范式演化。

# 参考文献

[1] Simson L. Garfinkel. AOHell[R]. Washington DC: DHS, 1995.

# 扩展阅读

（1）Web Server Survey。（Netcraft 官网）

（2）俄罗斯黑客在国际黑客圈中地位如何？（知乎）

（3）美国在线（AOL），陨落的巨头。（知乎）

# 自测题

**1．单选题**

20 世纪 90 年代,万维网安全问题爆发的原因,不包括（　　）。

（A）防护者人数大为减少

（B）攻击者规模越来越大

（C）可攻击目标越来越多

（D）实施攻击技术难度大大降低

**2．判断题**

海湾战争期间，美国国防部的网站服务器，遭受了黑客的攻击。（　　）

**3．判断题**

AOHell 工具包利用了美国在线客户端中存在的缓冲区溢出漏洞。（　　）

**4．判断题**

"脚本小子"对于计算机原理和脚本语言的理解，比早期黑客更加深入。（　　）

# 第八回　漏洞研究成气候
## 容易攻击难防守

马克思主义哲学认为，事物的发展具有两面性。每一项革命性新技术的诞生，在推动人类社会进步发展的同时，必然会带来一些让人意想不到的难题。计算机和网络技术发展，带来越来越多的安全漏洞，就是这样一个难题。

前面曾经讲到，伴随着计算机操作系统和网络的出现，很早就有人开始研究其中的缺陷和安全漏洞了。但是，一直到20世纪80年代，计算机和网络安全研究者还只是一个很小的圈子，影响力也比较有限。1988年"莫里斯蠕虫"大爆发引发恐慌之后，研究计算机和网络安全的人才慢慢多了起来。

到了20世纪90年代中后期，互联网完全换了一番景象。有数以万计的网站服务器、数以千万计的用户作为基础，像安全漏洞研究这样原本"不成气候"的小众领域，也开始热了起来。

## 研究网络安全漏洞的热潮兴起

研究计算机和网络的安全漏洞，对知识基础、智商、毅力、耐心等方面要求极高，可能一万个人里面才有一个。在互联网的用户规模为几十万人的时候，这样的人可能一共也就几十个，彼此还不认识；而当互联网的用户规模为几千万人的时候，这样的人可能就有成百上千了。这些有着共同"兴趣爱好"的人开始彼此吸引、聚集，专门讨论计算机和网络漏洞的小团体陆续出现了。

最负盛名、最专业的黑客读物，是电子杂志 *Phrack*。*Phrack* 创刊于 1985 年，其名字由 Phreaker（电话飞客[1]）和 Hacker（黑客）两个词组合而成。*Phrack* 创刊后的头十年，主要的关注点是电信领域的漏洞研究，例如，通过发出特定频率的声音来获得电话系统的访问权限，从而实施窃听。*Phrack* 电子杂志的简介如图 8-1 所示。

1 电话飞客指的是一群采用最古老的网络入侵盗取通信信息的人。

```
|V| /____|
|_||_|etal/ /hop
_____/ /
|_____/
(314)432-0756
24 Hours A Day, 300/1200 Baud


Presents....


==Phrack Inc.==
Volume One, Issue One, Phile 1 of 8


Introduction...


Welcome to the Phrack Inc. Philes. Basically, we are a group of phile writers
who have combined our philes and are distributing them in a group. This
newsletter-type project is home-based at Metal Shop. If you or your group are
interested in writing philes for Phrack Inc. you, your group, your BBS, or any
other credits will be included. These philes may include articles on telcom
(phreaking/hacking), anarchy (guns and death & destruction) or kracking. Other
topics will be allowed also to an certain extent. If you feel you have some
material that's original, please call and we'll include it in the next issue
possible. Also, you are welcomed to put up these philes on your BBS/AE/Catfur/
Etc. The philes will be regularly available on Metal Shop. If you wish to say
in the philes that your BBS will also be sponsering Phrack Inc., please leave
feedback to me, Taran King stating you'd like your BBS in the credits. Later
on.
```

图 8-1 *Phrack* 电子杂志的简介

从 1996 年开始，随着一系列计算机和网络安全对抗领域文章的发表，*Phrack* 摇身一变，成了计算机和网络漏洞研究爱好者的重要交流阵地。

*Phrack* 的开创者之一是一位资深黑客。很少有人知道他的真实身份，因为他把表示网络路由的单词 "Route" 作为自己的网名，所以人们都叫他路特。

路特在 1982 年就拥有了自己的第一台计算机。他对计算机知识有着不知疲倦的渴望，甚至于有些痴迷！

迷到了什么份上呢？

很多明星常把自己崇拜的人或者座右铭文在自己身上，而路特在他的后背上文了一个巨大的用于制造计算机芯片的模具。

到了 20 世纪 90 年代，路特找到了发出自己声音的平台——一个名为 "alt.2600" 的新闻组 [1]，新闻组类似于现在的百度贴吧。路特在 "alt.2600" 新闻组中孜孜不倦地 "发帖灌水"，共发布了 2000 多篇与计算机安全、网络安全相关的帖子，其中有很多高质量的精华帖。于是，他的影响越来越大，成了网络安全江湖上 "有口皆碑" 的大佬。

## 研究者发现并公布了 TCP/IP 协议的漏洞

随着路特对网络安全的研究越来越深入，互联网的基石——TCP/IP 协议，成为他绕不过去的重要研究对象。很快，他在这里发现了一些 "不寻常" 的东西。

1996 年 1 月，路特在 *Phrack* 上发表了一篇题为 "海王星项目" 的论文，文中描述了他发现的 TCP/IP 协议的一个漏洞。这个

1 简单地说，新闻组（Usenet 或 NewsGroup）就是一个基于网络的计算机组合，这些计算机被称为新闻服务器，不同的用户可以通过一些软件连接到新闻服务器上，阅读其他人的消息并参与讨论。

2 在三次握手中，第一次握手是客户端发送 SYN；第二次握手是服务器接收到 SYN 后，发送 SYN+ACK；第三次握手是客户端在接收到服务器发送的 SYN+ACK 后，向服务器发送 ACK。在三次握手中，客户端和服务器的状态，以及数据包中的相应序列号会发生对应的变化，在此就不详细说明了。

漏洞严重影响了 TCP/IP 协议的安全性，攻击者可以利用这个漏洞发起非常可怕的攻击。

作为背景知识，我们先来了解一下 TCP/IP 协议的工作机制。

假设在一个计算机网络中，两台计算机通过 TCP/IP 协议通信，A 是发送端，B 是接收端。当 A 要连接到 B 时，会向 B 发送一个请求连接的数据包，上面写的是"我可以连接吗？"如果 B 愿意并能够连接，则会给 A 发回一个应答数据包，上面写的是"是的，你可以连接。"A 会向 B 发送一个确认数据包，上面写的是"好的，我正在连接。"这样，A 和 B 这两台计算机就可以正常通信了。这个过程有一个专业且形象的名称，叫三次握手[2]，如图 8-2 所示。

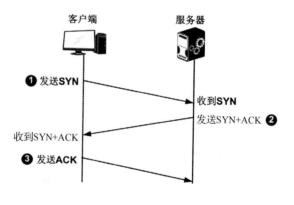

图 8-2　三次握手示意图

路特发现的漏洞，就在 TCP/IP 协议的三次握手过程中。如果客户端被恶意攻击者控制，在收到第二个数据包之后，故意不向服务器发送第三个数据包，那么服务器就会处于等待状态，持续几分钟。

为什么说利用这个漏洞可以发起非常可怕的攻击呢？

路特指出，如果有许多客户端同时被恶意攻击者控制，都不给服务器发送第三个数据包，故意让服务器等待，那么服务器就会陷入"停滞"状态，无法再接收额外的通信请求。路特把这种攻击方式称为泛洪攻击[1]，表示恶意攻击就像泛滥的洪水一样，数量巨大、来势汹涌。

泛洪攻击和使用恶意代码的攻击不一样，它并不直接入侵计算机系统，也不窃取计算机中的秘密信息，而是一种让计算机处于"像冰一样冻住"的状态的攻击，所以泛洪攻击也称为分布式拒绝服务攻击。其中，"分布式"是指攻击者控制多台客户端同时发动攻击，"拒绝服务"是指遭受攻击的服务器被大量数据包牵制，无法再为网络上的其他客户端提供正常服务。上一回的第二个小故事中提到，多人同时访问、导致网站瘫痪的行动，虽然手段本身没有什么技术含量，但本质上也可以归为分布式拒绝服务攻击。

那么，为什么名满天下的 TCP/IP 协议会出现如此明显的漏洞呢？这是因为，TCP/IP 协议的设计者在设计该协议时，有一个预设的判断，他们认为没有人会在同一时刻发出大量连接请求，但又不对连接进行确认。而路特的发现，恰恰推翻了协议设计者的"善意"预判。

这种核心技术出现严重漏洞的现象，在计算机和网络的发展历程中出现过多次。这种现象反映的规律是：新技术新产品在创造之初，如果过分考虑安全性，则结构会非常复杂，导致成本太高或难以推广，如马提克斯操作系统、OSI 七层模型；而能够满足需求并获得大范围推广的，往往是结构简洁、容易实现、功能实用、成本低廉的技术和产品，但这些技术和产品在安全性方面往往有所欠缺，如 UNIX 操作系统、TCP/IP 协议。

换句话说，在计算机和网络的发展历程中，新技术新产品发展的一个基本规律是"先解决能用管用的问题，再解决安全不安

---

[1] 泛洪攻击也称为洪泛攻击，是指在短时间内向目标系统发送大量的虚假请求，导致目标系统疲于应付无用信息，而无法为合法用户提供正常服务的攻击方式。

全的问题",或者说"功能优先,安全靠后"。

回到路特的论文。路特针对不同的操作系统,验证了泛洪攻击技术的有效性和普适性,并且在论文中提供了一个可以用来执行攻击的程序,名叫"海王星"。

路特在 *Phrack* 上发表论文,公布自己的研究成果,并提供了利用漏洞实现攻击的程序。路特的本意和初衷是好的,他希望引起各方面对计算机和网络安全的重视,并促进安全人员对漏洞进行修复、寻找安全防护解决方案。

## TCP/IP 协议中的更多漏洞被持续披露

但是,路特或许没想到,安全防护解决方案没有出来,倒是很快就有人把他的研究成果拿去做坏事了。

在路特发表论文 8 个月后,也就是 1996 年 9 月 6 日,纽约一家互联网服务运营商遭到了泛洪攻击,导致该公司提供的互联网服务全面中断。几天后,安全人员才找到攻击源头,并通过硬件设置切断了物理连接,才使互联网服务恢复正常。这是第一个具有一定社会影响的泛洪攻击事件。

此后,路特又陆续发现了 TCP/IP 协议中的更多漏洞,有的漏洞会中断目标计算机上的所有对外的 TCP/IP 连接;有的漏洞会导致网络速度变慢;有的漏洞允许攻击者绕过防火墙建立隐蔽通道;有的漏洞能够让攻击者监视网络连接,并按攻击者的意愿去实施阻断或劫持网络连接;有的漏洞能让攻击者发送特定的数据包,导致收到数据包的计算机直接崩溃。

路特关于 TCP/IP 协议漏洞的一系列研究,非常有价值,对于计算机与网络安全的影响巨大而深远，直到现在还被很多人学习参考。但遗憾的是，路特只告诉人们怎么攻击，却没教给人们怎么防护。

攻击手段层出不穷、防护措施严重落后。这样的无奈，反映了 20 世纪末计算机和网络安全领域的一种普遍状态。同时，由于这些漏洞跟网络通信的底层规则绑定在一起，只要规则不改变，漏洞就始终存在。直到多年以后的今天，对于这些漏洞，人们仍然没有找到完美的安全防护解决方案。

## 攻击手段出现的速度快于防护手段

有人发愁，也有人兴奋。这些发现的公布，像瞌睡时递上的枕头，让那些有意搞破坏、却没本事造出"武器"的坏人，有了现成的思路和手段；也让分布式拒绝服务攻击持续增加，逐步发展成网络对抗领域中的一个庞大分支。

此刻，我想问读者一个问题。你觉得，应该怎样看待路特这个人呢？是该感谢他让用户知道了自己的弱点，还是该憎恨他给坏人递上了"屠刀"？

其实，跟手枪、大炮一样，包括各类安全漏洞在内的计算机网络对抗技术，它们本身并没有善与恶之分。有人用它搞破坏，也有人用它组建"老虎队"这样的评估测试组织，为用户提供安全防护服务。

不同的是，当人们扣动手枪扳机时，你可以看到他们的身影；但网络攻击的扳机一旦被人恶意扣动，你却很难追查他的踪迹。

万维网服务器端的安全漏洞，让大型机构的网站被公然涂鸦、颜面无存；网络的基石 TCP/IP 协议的漏洞，又被公布出来，谁都可以拿来利用。每当新的漏洞被发现时，散布在民间的攻击者纷纷击掌相庆，而那些本来就胆战心惊的互联网服务运营商、网站服务提供者、网络管理员，心中的忧虑又多了几分。

攻击手段出现的速度，远远快于防护手段。计算机和网络的安全防护，似乎走进了一条死胡同。

正可谓"漏洞研究成气候，容易攻击难防守"。在这种情况下，谁能来破局呢？

## 划重点

（1）分布式拒绝服务攻击中的"分布式"是指攻击者控制多台客户端同时发动攻击，"拒绝服务"是指遭受攻击的服务器被大量数据包牵制，不能为网络上的其他客户端提供正常的服务。

（2）20 世纪 90 年代中期，网络安全的研究热潮兴起，针对 TCP/IP 协议漏洞的分布式拒绝服务攻击被提出，并且 TCP/IP 协议中的更多漏洞被持续披露，使攻击手段出现的速度，远远快于防护手段。

## 参考文献

[1] 黑客历史上的重大事件[J]. 电脑采购周刊，2001(28):26.

[2] 网络黑客大事记[J]. 信息安全与通信保密，2001(2):73.

# 扩展阅读

（1）三次握手。（百度百科）

（2）SYN 泛洪攻击。（百度百科）

（3）泪滴攻击。（百度百科）

# 自测题

**1. 判断题**

泛洪攻击主要用于窃取目标主机数据信息。（　　）

**2. 判断题**

TCP/IP 协议族在设计之初，对用户行为的预设判断都是善意的，因此没有考虑到恶意利用协议规则发动攻击。（　　）

**3. 单选题**

应用"三次握手"工作机制的网络协议是（　　）。

（A）IP

（B）UDP

（C）TCP

（D）ICMP

**4. 单选题**

一般来说，网络新技术或新产品能够得以迅速推广的原因，不包括（　　）。

　　（A）充分考虑安全性

　　（B）结构简洁，容易实现

　　（C）功能实用

　　（D）成本低廉

第九回　筑墙扫漏检入侵
　　　　网安三叉戟出阵

前面讲道，20 世纪 90 年代中期，在互联网迅速发展时期的网络对抗格局中，"攻"的力量大致可以分成两类：一类是大量低层次、低技术、破坏性的攻击者，包括"脚本小子"；另一类是一小群深入研究、发现漏洞的技术高手。前者虽无章法，但行动迅猛、四处点火；后者大多时候并不会参与攻击，但在客观上给前者提供了"武器"。

"防"的力量始终比较薄弱，没有得到相应的加强。各个机构的计算机和网络的安全防护方案，基本上停留在防火墙这种单一的手段上。而在万维网普及、TCP/IP 协议的大量漏洞被公开之后，防火墙这种简单易行，但却有些一刀切式的防护手段，显得越来越不够用了。

如何应对网络攻击，如何创造出新的、更有效的安全防护手段，成了挡在互联网从业者们面前的一座大山。要想让互联网继续健康发展，必须想办法翻越它。

## 能够自动扫描远程计算机漏洞工具的出现

你还记得，"莫里斯蠕虫"在 1988 年爆发后，美国政府在卡内基梅隆大学成立的世界上第一个计算机应急响应小组吗？这个小组成立后，开通了帮助处理安全事件的 24 小时热线电话，建立了定期发布漏洞信息公告的机制，成为计算机和网络安全情报信息的汇聚中心。

不仅如此，计算机应急响应小组还吸引了一些有志于研究计算机和网络安全的人士，其中就包括下面故事的主角——丹·法默。

1988 年爆发的"莫里斯蠕虫"，让 26 岁的退役海军陆战队员、普渡大学大四学生丹·法默深感震撼，他立志要向网络安全领域发展。1989 年，他在普渡大学计算机安全专家尤金·斯帕福德（Eugene H. Spafford）[1] 教授的指引下，开始创造一个用于扫描 UNIX 操作系统漏洞的程序，名为 COPS[2]。COPS 取得了成功，成为第一个被广泛使用的 UNIX 操作系统漏洞扫描程序。

1993 年，丹·法默凭借一篇关于 COPS 的论文，加入了计算机应急响应小组，成为该小组的第 6 名正式员工。用丹·法默自己的话说，当时他的计算机和网络安全知识极度匮乏，他加入计算机应急响应小组，就像在计算机和网络安全知识的沙漠里，找到了一片幸福的绿洲。

在计算机应急响应小组中，丹·法默潜心研究黑客入侵网络的方法，积累了大量的实践经验，并与人合写了一篇题为"通过入侵来提高网络安全性"的论文。这篇论文可以作为网络管理员的"漏洞查找指南"。

1　尤金·斯帕福德在普渡大学担任计算机科学教授 30 多年，在计算机和网络安全方面作出了很多开创性的贡献。

2　COPS 的全称是 Computer Oracle and Password System，用于检查 UNIX 操作系统的常见安全配置问题和系统缺陷。

1995 年，丹·法默又与人合作编写了一个能自动扫描远程计算机漏洞的程序，命名为"用于分析网络的安全管理员工具"（也称"沙坦"）。在丹·法默生日的那天，他公开发布了这个漏洞扫描工具，供人免费下载使用。

"沙坦"是最早的将网络浏览器作为用户界面的软件之一，使用起来非常方便。"沙坦"可以让一个人使用简单的程序，来确定数十台、数百台甚至数千台计算机是否存在漏洞，而且这个过程是高度自动化的。

"沙坦"打败了当时市面上很多收费版的漏洞扫描工具，广受用户欢迎。"沙坦"的出现，使普通的 UNIX 操作系统用户有了一个安全防护的好帮手。

1996 年，丹·法默对"沙坦"进行了升级改造，增加了检测防火墙配置错误、网站服务器漏洞的功能。他用升级后的"沙坦"做了一次大型实验，检测了 2000 个知名网站的安全性，结果发现，超过 60％的网站可能遭到入侵或破坏，而且只有 3 个网站的管理员发现了丹·法默的扫描行为，其他网站的管理员完全不知道发生了什么事情。

这个检测结果让丹·法默十分震惊。经过进一步的调查研究，他得出了这样一个结论：尽管这些知名网站都安装了防火墙，并雇用了专门的安全防护人员来配置防火墙，但由于这些人往往做不到根据外部威胁的变化及时更新防火墙的配置，所以防火墙逐渐失去了应有的作用。

丹·法默的检测结果也让很多计算机领域的业内人士深受触动。他们发现，漏洞扫描工具拥有庞大的现实需求和美好的发展前景，而且漏洞扫描工具的技术门槛并不高，核心技术指标无非是覆盖的漏洞多不多、全不全。于是，多家大公司看中了这个逐渐扩大的市场，开始加入研发商业网络漏洞扫描工具的行列，推出了更完善的网络漏洞扫描工具。很快，漏洞扫描工具（简称漏扫）成为继防火墙之后被广泛使用的又一种网络安全明星产品。

这些漏洞扫描工具不仅可以扫描被防火墙保护的内部网络计算机，还可以从外部网络扫描防火墙。扫描完成后，这些漏洞扫描工具会自动生成一份按照风险排名的漏洞列表清单，系统管理员可根据这份清单给计算机系统打上相应的安全补丁，为防火墙修改相关的配置。例如，Acunetix 就是一款典型的漏洞扫描工具，如图 9-1 所示。

图 9-1　漏洞扫描工具示例

漏洞扫描工具部分实现了渗透测试和漏洞修补的定期化和自动化，被业内称为"盒子里的'老虎队'"。但它的不足之处在于，它没有人类的主观能动性，无法像"老虎队"的队员那样，主动发现新的漏洞。

那么，有没有更主动的安全防护手段呢？答案是肯定的。

## 能够对可疑行为报警的入侵检测系统的出现

在网络安全防护需求持续增长的 90 年代中后期，继防火墙、漏洞扫描工具之后，出现了网络安全防护行业的第三种明星产品——入侵检测系统。

如果把需要保护的计算机网络比作一个城堡，则可以把防火墙比作城堡大门的保安，检查进出的人们是否有"绿码"、是否携带危险品；可以把漏洞扫描工具比作在城堡内外值勤的巡逻队员，看城堡的围墙有没有破损、会不会有人钻进来。万一有人骗过了保安或者晃过了巡逻队员，该怎么办呢？我们还需要像"监控摄像头"和"报警器"这样的严密布控手段，时刻监控每个人的移动轨迹，并对可疑的行为发出警报。网络中的"监控摄像头"和"报警器"就是入侵检测系统（其原理见图 9-2 ）。

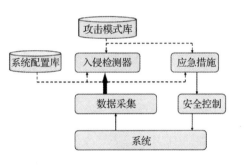

图 9-2　入侵检测系统原理

入侵检测系统是怎样工作的呢？首先，它非常"勤奋"，会像监控那样 24 小时不间断地监视流经它的所有网络流量；其次，它非常"聪明"，会采取特定的方法，试图寻找入侵行为存在的证据。具体来说，入侵检测系统主要有两种检测方法。

第一种检测方法称为误用检测，该方法在本质上是一种基于模式匹配的检测方法。误用检测的基本思路是，假设所有的网络攻击行为都具有一定的模式或特征，首先把以往发现的所有网络攻击的特征总结出来，建立一个入侵特征库（称为误用模式库）；然后对监控得到的信息与误用模式库进行比较，如果模式成功匹配，就认定为网络入侵行为。

举个例子来说，如果某一种网络攻击总会在代码中包含一个字符串"我是黄河"，那么，就可以把"我是黄河"这个特征写到入侵检测系统的误用模式库中。一旦入侵检测系统在网络流量中发现了包含"我是黄河"的数据包，就会向系统管理员报警。

第二种检测方法称为异常检测，该方法在本质上是一种发现与既定模式不匹配行为的检测方法。异常检测的基本思路是，系统管理员首先定义怎样的行为是正常行为、正常行为应该具有哪些特征；然后把不符合这些正常行为特征的行为作为异常行为识别出来。

与防火墙和漏洞扫描工具相比，入侵检测系统更积极主动。当有小偷试图在城堡中盗窃，或者城堡中有内鬼要把东西运送出去的时候，入侵检测系统能够及时发现并发出警报；而防火墙和漏洞扫描工具是没办法发现和主动响应的。

不过，入侵检测系统也有它的弱点。入侵检测系统虽然可以监测网络上的数据包，并使用一些已知的规则去进行判断，但却无法解释这些数据包背后隐藏着怎样的网络活动，以及这些活动背后又有怎样的意图，因此它往往会出现一些误报或漏报，并造成不良影响。

先来看误报的影响。当误报的数量太多时，会使网络管理员产生一种"狼来了"的感觉。等到"狼"真来的时候，网络管理员反而会因麻痹大意不采取任何行动。例如，在一起入侵事件中，真正的入侵行为让入侵检测系统生成了 6 万条警报；而在入侵的当天，警报的总数高达 600 万条，所以对警报早已麻木不仁的网络管理员，并不一定会对真正的攻击做出任何反应。

再来看漏报的问题。由于入侵检测系统的方法和规则是固定的，不够灵活，就有一些攻击者使用各种"骗术"，如把攻击代码中的"我是黄河"改成"我是红河"，就会让入侵检测系统在看到"我是红河"时不发出警报，攻击代码在到达目标计算机后，仍然能够发挥跟"我是黄河"同样的入侵效果。

## 网络安全防护定式的形成

尽管防火墙、漏洞扫描工具和入侵检测系统都不完美，但把它们三者配合起来使用，相互补充，还是能够大幅提高攻击方发动入侵的技术门槛的，从而让受保护的网络更安全。

于是，在 20 世纪末，对于在互联网上开展业务的机构来说，安装使用网络安全防护产品的"三叉戟"就成了一种"定式"，即使用防火墙隔离机构的内部网络和外部网络，使用漏洞扫描工具识别计算机中的漏洞并及时打上补丁，使用入侵检测系统检测入侵行为。

防火墙、漏洞扫描工具、入侵检测系统"三叉戟"的出现，让网络对抗中"主防"的一方在长期受到压制的局面下，暂时站稳了阵脚。计算机和网络安全防护产业从无到有、从小到大，开始进入快速发展的崭新阶段。

在这样一个新阶段中，"主防"一方的"主将"，由政府部门、科研院所、大公司、大企业等机构变成网络安全防护产业中的专业厂商、网安人员，这些专业厂商和网安人员在市场中成长，拥有庞大客户群体的支持。但与政府部门、科研院所、大公司、大企业等机构相比，仍然显得缺兵少将、孤立无援、底气不足。这些专业厂商和网安人员将如何克服困难，与网络攻击者"斗法"呢？

## 划重点

（1）20世纪90年代，业界相继出现了漏洞扫描工具和入侵检测系统，其中的漏洞扫描工具能够扫描远程计算机和网络中的漏洞，入侵检测系统能够主动发现可疑行为并发出警报，它们与防火墙一起构成了网络安全防护产品的"三叉戟"。

（2）20世纪末，网络安全防护的定式是使用防火墙隔离机构的内部网络与外部网络（互联网），使用漏洞扫描工具识别计算机中的漏洞并及时打上补丁，使用入侵检测系统来检测入侵行为。

## 参考文献

[1] Andrew J. Stewart. A vulnerable system-the history of information security in the computer age[M]. New York: Cornell University Press, 2021.

[2] 奇安信行业安全研究中心. 走进新安全：读懂网络安全威胁、技术与新思想[M]. 北京：电子工业出版社，2021.

[3] 刘建伟，王育民. 网络安全：技术与实践[M]. 3版. 北京：清华大学出版社，2017.

## 扩展阅读

（1）Web 漏洞扫描十大工具。（CSDN）

（2）入侵检测系统。（360 百科）

## 自测题

### 1．判断题

漏洞扫描工具，部分实现了渗透测试和漏洞修补的自动化，被称为"盒子里的老虎队"。（　　）

### 2．单选题

在 20 世纪 90 年代，流行的网络安全防护模式，会使用哪 3 类产品的组合？（　　）

（A）杀毒软件+入侵检测+防火墙

（B）杀毒软件+漏洞扫描+防火墙

（C）杀毒软件+入侵检测系统+漏洞扫描

（D）入侵检测+防火墙+漏洞扫描

### 3．判断题

应用网络安全防护产品，能够增加攻击方发动入侵的难度，因此彻底实现网络安全。（　　）

**4．单选题**

下列关于入侵检测系统的说法，错误的是（　　　）

（A）异常检测方法可能发现未知威胁行为

（B）误用检测不需要入侵特征库

（C）入侵检测系统能对可疑行为报警

（D）入侵检测系统往往会出现漏报和误报

# 第十回　网安产业引人才
# 黑白合力建生态

上一回讲道，防火墙、漏洞扫描工具和入侵检测系统，这些商业化的网络安全防护（网安）产品，让广大用户在实施安全防护时有了可以依靠的基本手段。网安产业逐渐发展壮大，网安人员成为网络对抗中的一支重要力量。

然而，网络对抗天生就是不对称的，容易攻击难防护。在真实世界里，往往是在有人发现新漏洞、又有人利用漏洞发动攻击并造成一定的影响和后果后，网安人员才会关注和重视新漏洞，审视现有产品的缺陷，再通过完善特征库等途径，对网安产品进行升级迭代。

所以，即使最先进的网安产品，也只能在产品设计者的知识和能力范围内，按照设定好的规则进行防护，解决一类或几类特定的安全问题，而无法给用户一个绝对安全的承诺。

## 网安产业招兵买马

说到这里，你可能会意识到，网安人员正面临着一个棘手的难题：人数有限的网安产品设计者在明处，只能针对已知的攻击方式和已知的漏洞来构建网安产品；而来自四面八方的攻击者在暗处，可以像孙悟空一样有七十二变，采用各种灵活的手段绕过防护。

要想做出更好的产品、实现更好的防护效果，必须找到一个办法，让网安人员及时获得新的网络攻防对抗知识，并基于新的知识快速构建新的防护能力。

怎么办？

各家网安厂商纷纷招兵买马。一时间，掌握计算机和网络安全知识技能，特别是懂得网络攻击技术的人才，成了各家高薪争聘的"诸葛亮"。

如今，网络安全已经成为广受认可的学科；而在 20 世纪 90年代，网络安全与攻防对抗还是一个非常新兴的知识领域，在高校里，和网络安全、网络对抗有关的课程屈指可数，更别提完整的网络安全专业了。

那个时候压根就没有科班出身的网安人员。也就是说，当时几乎所有的网安人员都是自学成才的。具体来说，要想在那个时候学习网络攻击与防护的相关知识，最好的办法就是泡黑客论坛、阅读黑客杂志；要想拥有一身"上天入地、进出网络"的真本事，唯一的途径就是像路特、丹·法默那样，自己动手、自己摸索、自己实践，而这类人才，基本都集中在黑客的圈子里。

## 黑客群体逐渐分化

前面提到过，黑客群体规模快速扩大，形成了比较固定的圈子。圈子大了自然会分化，不同的黑客逐步走上了不同的发展道路。后来，人们为不同身份的黑客，贴上了不同的标签。

把那些以帮助政府或商业机构进行防护为职责、在正规机构任职的技术专家，称为"白帽黑客"或"白帽子"；把那些不愿受雇于正规公司、游走在社会边缘的、独立的技术大牛，称为"黑帽黑客"或"黑帽子"。

当时的态势是"白帽子"极其稀缺，网络对抗江湖一片混乱、"盗匪"横行、"百姓"苦不堪言；而维护日常秩序的"护卫队伍"刚刚成立，力量严重不足，要想更好地守护"百姓"的安宁，就得不断扩大规模。可是，"百姓"里面能打的不多，只好从"江湖"人士里面选了。[1]

这让网安厂商十分纠结。放眼望去，有点真本事的几乎都是些不安分的家伙。这些自由散漫，甚至劣迹斑斑的"江湖大侠"，能满足公司对职业道德的要求吗？不过，网安厂商还是向黑客圈子伸出了橄榄枝。

黑客圈子这边，在面对网安厂商的高薪诱惑时，逐渐有一些顶流的"黑帽子"接受了"招安"，变成了"白帽子"，扮演拯救"百姓"的"四品带刀护卫"。站在现实的角度来看，"黑帽子"的加入，让网安厂商的技术水平迅速上了一个台阶。

当然，"黑帽子""白帽子"只是人为定义的标签。现实中，"黑帽子""白帽子"是没办法严格区分的。比如上一回中提到的、创建漏洞扫描工具的丹·法默，他设计的漏洞扫描工具既可以用来发现没打补丁的计算机、对它发起攻击，也可以帮助用户进行安全防护。他时而受雇于大机构、大公司，时而以个人身份公开发布漏洞利用工具。那么，你能严格界定丹·法默到底是一个"白帽子"，还是"黑帽子"呢？

> 1 在网络安全领域，"盗匪"通常指网络攻击者，"百姓"通常指网站和网络用户，"护卫队伍"通常指网安厂商和网安人员，"江湖"通常指黑客圈子。

正是因为这种模棱两可的界定，那些受雇于网安厂商的黑客，采取了这样的策略：两顶"帽子"都备着，哪顶有利戴哪顶。表现在行为上，就是晚上在家戴"黑帽"，研究并发布漏洞，完全不承担任何职业责任；白天则在公司戴"白帽"，针对攻击手段构建防护方案和措施。

对于这些被网安厂商"招安"的"两面派"，一些"黑客原教旨主义[1]者"非常愤怒，认为他们为了利益背叛了黑客"自由的初心和信仰"，但网安厂商对待他们的态度却是睁一只眼闭一只眼。

为什么会出现如此奇怪的现象呢？

因为，网安厂商和这些"双面黑客"之间形成了一种强有力的利益共生关系。站在网安厂商的立场上，"双面黑客"的行为对他们是有好处的。

晚上，"黑帽子"在网络上发布新的漏洞，甚至一些可以直接用于攻击的工具，很快可能就会有"脚本小子"利用这些工具发动新的攻击，进而出现令人恐惧的气氛。这吸引了用户的关注，增加了用户对网安产品的渴求。

到了白天，他们又成为"白帽子"，针对自己发现的新漏洞，帮助网安厂商完善产品的安全功能，让网安厂商的研发工作事半功倍。

说到这里，你可能会心生疑虑：发现漏洞的和修复漏洞的，竟然可以是同一批人，这不是敌我不分吗？

黑白合力，正是网络对抗在这一发展阶段的突出特点。

> 1 原教旨主义也称为"原理主义""基要主义""基要派"，是指某些宗教群体试图回归其原初的信仰的运动，也指严格遵守基本原理的立场。

## 网络对抗形成新的稳定生态

1997 年，资深黑客杰夫·摩斯（见图 10-1）为促进网络攻防对抗人员交流、扩大影响，创立了网络安全领域的"奥斯卡"——Black Hat（黑帽子）大会（其官网见图 10-2）。

图 10-1　资深黑客杰夫·摩斯

图 10-2　Black Hat 官网

黑帽子大会[1]是全球最厉害的"黑帽子"的舞台，他们在这展示最先进、最酷炫的网络攻击技术，被媒体追逐，获得喝彩和崇拜；也是来自全世界网络大机构、大公司的"白帽子"的论坛，他们在这交流网络安全技术和解决方案；还是政府部门和网安厂商"挑人选秀"的平台，一些有技术实力的黑客受雇于急缺人才的组织，完成了从"黑帽子"到"白帽子"的转变。

一年一度的黑帽子大会办得很成功，吸引了网络世界乃至全社会的注意力，为黑客赢取了正面的名声，扩大了网安产业的影响。

1　黑帽子大会也称为黑帽安全技术大会，被公认为世界信息安全行业的最高盛会，也是最具技术性的信息安全会议。该大会引领安全思想和技术走向，参会人员包括企业和政府的研究人员，以及一些民间团队。为了保证会议能够着眼于实际并且能够最快最好地提出方案、问题的解决方法和操作技巧，会议环境保持了中立和客观。

在 20 世纪末，以互联网为主阵地的网络对抗领域，形成了这样一种相对稳定的生态：

上游，是技术高超的"黑帽子"，他们积极发现新漏洞，是新漏洞信息与攻防对抗知识的源头。他们一方面创造了网安的新需求，另一方面为自己带来声誉、抬高身价。

中游，是以"白帽子"为核心的网安人员，他们将这些新的信息和知识整合到网安产品中，不断升级已有的网安产品，并推出新的网安产品。

下游，是运营网站的互联网公司、拥有庞大内部网络的机构等，他们为了保证自身网络和业务的安全，为新的网安产品买单，用源源不断的资金支撑着这个生态的发展。

当时正值互联网的"超级繁荣"时期，大量新用户持续涌入，处于风口的互联网公司资金充裕，在"黑帽子"和"白帽子"的共同推动下，这个生态越来越繁荣。

网安市场的规模猛增。以入侵检测系统这类网安产品为例，1997 年的市场规模为 2000 万美元，1999 年就超过了 1 亿美元。

这一生态的建立，成就了两类人：第一类是网安厂商和网安人员，由于网安市场的火爆，他们获得了巨大的利润；第二类是有能力发现漏洞的高水平黑客，他们事实上成为"网络对抗新知识的生产者"，在互联网世界乃至全社会获得了很高的威望，成了很多年轻人敬畏、崇拜，甚至一心向往的偶像。

这些占据网络对抗技术制高点的黑客，在攻防两端穿梭流动，客观上推动了网安技术的快速传播、普及和应用。

那么，这种黑客得名，厂商获利，普通用户崇拜、花钱买单的网络对抗生态，对网络安全的发展有正面意义吗？这种生态能长久地持续下去吗？

站在网络对抗发展全局的视角上，可以看到：

这一生态的建立，一方面，通过打通从攻到防的知识传播链和人才流动链，通过把一部分"黑帽子"变成"白帽子"，增强了防护的技术实力、扩大了网安人员的队伍，为网安产业的健康发展奠定了坚实基础；另一方面，通过搭建展示网络攻击技术的正规舞台，给那些有天分的少年黑客等潜在的攻击方，铺设了一条职业发展的正道。

这一生态的建立，强化了防护的力量、削弱了攻击的力量，改善了网络对抗领域攻强守弱、攻易守难的不平衡局面。

正可谓"网安产业引人才，黑白合力建生态"。在 21 世纪到了的时候，网络对抗领域掀开了新的篇章。

## 划重点

（1）网安产业招兵买马，黑客群体逐渐分流为"白帽子""黑帽子"两大群体。"白帽子"是指以帮助政府或商业机构进行防护为职责、在正规机构任职的技术专家；"黑帽子"是指那些不愿受雇于正规公司、游走在社会边缘的、独立的技术大牛。

（2）黑白合力的网安新生态强化了防护的力量、削弱了攻击的力量，改善了网络对抗领域攻强守弱、攻易守难的不平衡局面。

## 参考文献

[1] Andrew J. Stewart. A vulnerable system-the history of information security in the computer age[M]. New York: Cornell University Press, 2021.

## 扩展阅读

（1）未知攻，焉知防-易霖博向你讲述信息安全在攻防对抗中演变着防御体系。（搜狐网）

（2）黑帽子大会。（百度百科）

## 自测题

**1．判断题**

创建漏洞扫描程序的丹·法默，属于典型的"白帽子"黑客。（　　）

**2．判断题**

黑客和安全厂商挖掘漏洞，并非完全出于商业利益目的。（　　）

**3．判断题**

被安全厂商雇佣的黑客中，相当一部分由于缺乏职业道德而被解雇。（　　）

## 4．多选题

关于 20 世纪末网络对抗生态，以下说法中正确的是（　　）。

(A) "黑帽子"与"白帽子"并存

(B) "黑帽子"和"白帽子"之间存在一道所谓的"旋转门"

(C) 技术高超的"黑帽子"在大众当中享有较高的声望

(D) 网络安全防护力量得到了一定程度的壮大

# 第三篇
## 漏洞考验

频发严重安全事件　系统安全重回焦点
技术单一是祸根　多元受制高成本
软件公司背水一战　逼出安全开发规范
"零日漏洞"以稀为贵　挖掘披露不再免费
多股势力躬身入局　漏洞博弈进深水区

# 第十一回　频发严重安全事件
## 系统安全重回焦点

你还记得，早期安全研究人员研发"绝对安全操作系统"的理想吗？

你还记得，奋战多年、终于完成，却在"老虎队"的安全测试中折戟沉沙的马提克斯操作系统吗？

你还记得，虽然存在众多安全缺陷、长期"带病运行"，却最终赢得最广泛用户的 UNIX 操作系统吗？

在万维网时代，最流行的操作系统又是哪一个？

万维网的热潮，带火了商用服务器和个人计算机市场，同时也使计算机操作系统进入了发展的快车道。在新旧世纪交替之际，在计算机操作系统这个领域，UNIX 和 Windows 是绝对的主流。其中，UNIX 操作系统主要面向机房里面的大型服务器，主要客户是大机构；Windows 操作系统主要面向桌面上的个人计算机和小型服务器，主要客户是个人和小公司。

嗅觉敏锐的比尔·盖茨（Bill Gates）顺应形势，不断对 Windows 操作系统进行升级更新，以友好的界面吸引了大量的个人用户和小型企业用户。Windows 95、98、2000 和 XP 的相继成功，使得微软占据了个人计算机操作系统、小型企业服务器操作系统这两个细分市场的大部分份额，成为一个拥有亿万用户的明星公司。Windows95 和 2000 的启动界面如图 11-1 所示。

图 11-1　Windows95 和 2000 的启动界面

## 互联网泡沫破裂，操作系统安全重回焦点

在万维网热潮时期，网络对抗双方的主要关注点，集中在网站服务、网页浏览、防火墙等应用层次的安全上。

承载网站服务和网页浏览的操作系统，到底安不安全呢？这个"灵魂之问"，一直被人忽略。直到 2000 年，美国互联网圈子发生了一件大事。

大量互联网公司用户增速放缓、利润下降，持续数年的"超级繁荣"，以互联网公司股价暴跌、大量网站关停、大量公司倒闭而结束。以互联网公司为主要客户的网安产业，也受到了强烈冲击。

很多网安公司和网安人员都意识到，以万维网应用为防护重点的时代，已经过去了。

对于互联网公司和用户来说，在安全防护上，操作系统处于更加核心和关键的地位。仅仅从网络流量和网络行为的角度进行防护，是远远不够的。因为所有的网站服务和网页浏览，都建立在服务器和用户计算机的操作系统基础上，一旦底层操作系统被攻破，所有的上层安全防护都将变得毫无意义。

因此，越来越多的网络安全研究人员，开始将注意力转向操作系统的安全研究。

经过研究，有研究人员指出，对于 Windows 这样的主流操作系统来说，由于微软等的首要目标是提供丰富的功能、满足用户的使用需求，而不是安全、可靠和可信，在设计和开发操作系统的过程中采取的是"功能优先、安全靠后"的基本策略，因此操作系统现有的安全防护机制，并不足以应对可能的攻击。

很快，这些研究人员的判断就得到了印证。

## 利用 Windows 操作系统漏洞的安全事件频发

Windows 2000、XP 等当时最流行的操作系统，相继曝出大量各种类型的安全漏洞，利用这些漏洞的安全事件接连出现。

2001 年 7 月 15 日，互联网上出现了一种名为"红色代码"的新型网络蠕虫，专门攻击采用 Windows 服务器版操作系统的网站服务器。

"红色代码"病毒[1]（见图 11-2）表现出了蠕虫这种恶意代码的典型特征，可自我复制、并不断扫描网络上其他有漏洞的计算机，进而快速传播。仅在 2001 年 7 月 19 日，就有 35 万多台计算机遭受感染。

1　"红色代码"病毒利用 Windows 操作系统的漏洞进行病毒的感染和传播。该病毒首先利用 HTTP，向互联网信息服务器的端口 80 发送一条含有大量乱码的 GET 请求，目的是造成该系统缓冲区溢出，从而获得超级用户权限；然后继续利用 HTTP 向该系统发送并运行 ROOT. EXE 木马程序，使病毒可以在该系统内存驻留，并继续感染其他系统。

图 11-2　"红色代码"病毒

　　根据攻击者的设计，蠕虫会在不同的日期执行不同的动作。如果日期是 1 号到 19 号，就随机生成 IP 地址并扫描、继续感染更多主机；如果日期是 20 号到 27 号，就向一组事先写在代码里的固定 IP 地址发起分布式拒绝服务攻击，其中的一个 IP 地址是美国白宫的网站服务器。

　　从技术上看，"红色代码"病毒利用的是 Windows 操作系统中的缓冲区溢出漏洞。什么是"缓冲区溢出"漏洞呢？

　　简单地说，缓冲区是内存中的一片空间，用来存放程序代码和数据。例如，有一段程序，我们给它分配的缓冲区大小是 100 个格子[1]。当程序要在内存中写入一条大小是 108 个格子的数据时，有的程序会进行检查，看缓冲区是否能容纳下这条数据，这时程序就会发现，数据的大小超出了缓冲区大小，并提示错误。

　　当程序没有进行检查，直接把数据写入 108 个格子时，结果就是数据把缓冲区的 100 个格子占满之后，还会覆盖相邻的 8 个格子。这就是所谓的"溢出"。这多出来的 8 个格子，就是攻击者能够大做文章的地方。

　　如果有人恶意利用这种溢出漏洞，专门编写相应的漏洞利用

1 在设置缓冲区的大小时，首先要考虑网络带宽和传输速度，其次要考虑数据包的大小和传输延时。不同的网络应用程序和操作系统可能会有不同的建议值，通常以 KB 或 MB 为单位。操作系统通常是按块（Block）来管理内存的，这里用格子来形象地表示块，并用来作为缓冲区的单位。

程序，就可以在内存中写入特定的代码，让计算机执行任意的指令，从而造成程序运行失败、系统死机等后果，甚至可以巧妙地取得系统级权限，进而进行其他的非法操作。

"红色代码"病毒就是这样一段恶意代码，它首先通过服务器的 80 端口 [2]，向目标服务器发送精心构造的恶意代码，造成服务器缓冲区溢出，从而获取系统级权限；然后运行相当于子弹弹头部分的"破坏代码包"（一般把这个部分称为攻击载荷），实施进一步的感染和破坏。

"红色代码"病毒所携带的攻击载荷会删除计算机硬盘上的文件，给用户带来了巨大的破坏。

2001 年 9 月 18 日，在"红色代码"病毒爆发两个月之后，另一个利用 Windows 操作系统漏洞的网络蠕虫再次爆发。

这个网络蠕虫的名字起得很有意思。我们都知道，admin 是 Windows 操作系统管理员账户的简称，它的反向拼写是 nimda，音译过来是"尼姆达"。

"尼姆达"病毒比"红色代码"病毒的感染范围更广，它可以感染运行 Windows 95、98 和 XP 等个人版操作系统的计算机，以及运行 Windows NT 和 2000 服务器版操作系统的服务器。在传播能力方面，"尼姆达"病毒也比"红色代码"病毒更厉害，可以利用 Windows 操作系统的多个漏洞，通过电子邮件、打开网络共享、浏览网站等多种方式，感染互联网上的计算机。

在被感染的计算机中，"尼姆达"病毒会搜索计算机中的可执行文件，并把恶意代码注入到可执行文件中。当人们使用杀毒软件清除"尼姆达"病毒时，会把可执行文件一起删掉，这让很多

2 80 端口是为 HTTP 开放的，主要用于万维网传输信息的协议。端口是设备与外界进行通信的出口，可分为虚拟端口和物理端口，80 端口是虚拟端口。

机构感到十分愤怒，甚至有些机构因为被"尼姆达"病毒感染而陷入瘫痪。

强大的传播力和破坏力，让"尼姆达"病毒造成了巨大的影响。在短短的三个月之内，"尼姆达"病毒在全球造成的直接经济损失高达 6 亿美元。

实际上，"红色代码"病毒和"尼姆达"病毒利用的是微软已经公布的漏洞，并不是攻击者发现的新漏洞。在"红色代码"病毒和"尼姆达"病毒爆发之前，微软已经公开了这些漏洞的信息，并给出了相应的补丁。但是，相当多的用户并没有及时更新系统、打上补丁，这才中了招。因此，在这一时期，具有查杀恶意代码功能并能帮助用户及时更新重要补丁的桌面安全产品，如杀毒软件，受到了广泛欢迎。

"红色代码"病毒和"尼姆达"病毒的爆发，让很多使用 Windows 操作系统的用户非常不爽，很多人开始重新考虑要不要继续使用微软的操作系统。

另一方面，"红色代码"病毒和"尼姆达"病毒造成的严重后果，就像"活广告"一样，让民间的攻击者们异常兴奋。俗话说，"树大招风"，因为 Windows 操作系统的用户数量最多、不打补丁的用户数量也不少，所以很多攻击者都把 Windows 操作系统当靶子，以编写出利用 Windows 操作系统漏洞的恶意代码为荣。

因此，有专业人士建议，受"红色代码"病毒和"尼姆达"病毒影响的机构应当立即考虑替代方案，不要再使用 Windows 服务器版操作系统来搭建网站。

加利福尼亚大学圣巴巴拉分校、剑桥大学纽纳姆学院立刻做出了选择，禁止本单位计算机使用 Windows 服务器版操作系统，以及 Windows 个人版操作系统自带的邮件客户端。

美国政府和军方的部分单位，也开始质疑 Windows 操作系统的安全性，威胁取消采购合同。甚至还有人提出，对微软进行审讯；还有学者呼吁制定法律，对造成安全漏洞的微软进行数十亿美元的巨额罚款。

与此同时，微软旗下的 13 个网站遭到了泄愤者的涂鸦。

## 微软被迫启动产品安全改革

为什么 Windows 操作系统会在安全问题上成为众矢之的呢？

实际上，这是 Windows 操作系统在功能上先声夺人、在市场上横扫千军的"一体之两面"。微软的产品开发策略，就是要确保自己始终能比竞争对手更快地将新产品推向市场，如果产品面世后发现有安全漏洞，就在后续版本中更新或打补丁。

2001 年推出的 Windows XP，就是这种策略的典型产物：要论易用性和功能的丰富程度，Windows XP 绝对是"街上最靓的仔"；而要论安全，Windows XP 却存在着根目录默认共享等多个饱受诟病的缺陷，甚至被人编成了段子、极尽嘲讽。

面对汹涌而来的质疑和责难，作为世界上最大的软件供应商，微软必须做出回应。

2002 年 1 月 15 日，微软董事长比尔·盖茨向全体员工发送了一封主题为"加强操作系统安全"的邮件；同时，宣布微软内部进入紧急状态，停止开发新产品，超过 8000 名员工参加安全编程培训。

对于操作系统安全，比尔·盖茨明确提出了新的指导思想：当面临添加新功能和解决安全问题之间的矛盾时，我们应该选择安全。他还要求，在推出新的操作系统时，默认关闭不常用的功能，减少攻击者利用漏洞的机会。

微软遭遇的危机反映出，操作系统安全在 21 世纪初已经成为网络对抗领域一个非常紧迫的焦点问题。被逼到了墙角的软件供应商，决定做出改变。

那么，他们的改变，能取得预期的成效吗？

# 划重点

（1）互联网繁荣的减退，使操作系统安全重回焦点。互联网"超级繁荣"的终结，使以互联网应用为防护重点的安全防护模式成为过去式，安全研究人员将关注的焦点重新放回操作系统安全。

（2）利用 Windows 操作系统漏洞的安全事件频发，使微软遭遇信任危机，微软等软件供应商以快速开发抢占市场为指导的开发模式难以持续，被迫进行产品安全改革。

# 参考文献

[1] Andrew J. Stewart. A vulnerable system-the history of information security in the computer age[M]. New York: Cornell University Press, 2021.

## 扩展阅读

（1）缓冲区溢出漏洞原理简介。（知乎）

（2）Memo from Bill Gates。（微软官网）

## 自测题

**1．判断题**

在 20 世纪 90 年代，两大主流操作系统是 UNIX 和 Windows。（　　）

**2．判断题**

对互联网用户来说，一旦操作系统被攻破，网络层次的安全防护都将变得毫无意义。（　　）

**3．判断题**

"红色代码"和"尼姆达"利用的 Windows 系统漏洞，都属于没有发布补丁的新漏洞。（　　）

**4．判断题**

微软在推出新的系统产品时默认关闭不常用功能，主要是为了减少攻击者利用漏洞的机会。（　　）

# 第十二回

## 技术单一是祸根
## 多元受制高成本

上一回讲道，Windows 操作系统的安全问题引起各界质疑，微软于 2002 年发起了声势浩大的安全改进行动。

## 安全改进任重道远，安全事件持续影响

提高操作系统产品的安全性是个系统工程，短时间内很难见到成效。利用 Windows 操作系统漏洞的安全事件仍在继续发生。

2003 年 1 月 25 日，一种名为"蓝宝石"（SQL Slammer）的蠕虫，利用 Windows 服务器版操作系统的一个已公开漏洞，开启了快速传播。仅用时 10 分钟，就全球范围内几乎所有没打补丁的使用 Windows 服务器版操作系统的计算机就都被感染了。"蓝宝石"病毒的传播速度实在太快了，导致各大公司的网安人员根本没有时间采取有效的防御措施。

"蓝宝石"病毒本身并不包含恶意的攻击载荷，但由于其传播速度太快，并且可以不断地自我复制，导致了互联网流量被阻塞，从而影响了许多组织的正常工作。韩国的网络基础设施暂停了 12 个小时，美国一些城市的警察和消防部门的计算机网络陷入瘫痪，

只得用笔和纸来办公。

2003 年 8 月，一种名叫"冲击波"的病毒，利用 Windows 2000 和 XP 中存在的漏洞进行传播，并在很短时间内席卷了全球，造成数百万台计算机被感染。冲击波的源代码中，有这样一句话——"Bill gates why do you make this possible? Stop making money and fix your software！"意思是"比尔·盖茨！停止疯狂敛财，修复你的软件！"

"冲击波"病毒之后没过多久，2004 年 4 月，"震荡波"病毒又来了。感染了"震荡波"病毒的计算机会出现令人非常抓狂的症状——系统资源被大量占用，弹出服务终止对话框，系统反复重启，而且不能收发邮件、不能正常复制文件、不能浏览网页。计算机感染"震荡波"病毒后的状况如图 12-1 所示。

图 12-1　计算机感染"震荡波"病毒后的状况

对于"震荡波"病毒，我（本书作者李云凡）的印象十分深刻。当时，我负责管理学校的公共计算机房，这里虽然没有连接互联网，但仍然没有逃过"震荡波"病毒的感染。

一天晚自习，学生们正在上机练习，我在隔壁办公室。过了一会儿，我就听到了嘈杂的喧闹声，"不会吧，怎么死机啦""我的屏幕上有个倒计时窗口""咳，我都重启 N 回了"……

我过去一看，坏了，"震荡波"病毒怎么跑进来了？

"是谁把外面的 U 盘带进来了？"我有点生气地问道。

机房里鸦雀无声。等了半天，一个小个子男生怯怯地举起来手。

"你知不知道，你把'震荡波'病毒带进来啦？"

他吓坏了，"老师，我真的不知道。"

这时，我已经平静了下来，然后给学生们描述了"恶意代码通过移动存储设备进入计算机，再通过局域网传播"的机理。

学生离开后，我开始反思。我的问题在于，抱着侥幸的心理，认为机房没有连接互联网，就没有及时给系统打补丁。

那天晚上，我和同事们，一台台地拔掉计算机的网线、重装系统，再为系统打上最新的补丁，一直干到深夜。这件事发生后，我的一位同事在学校内部网络上部署了 Windows 补丁服务器，从此以后，机房所有的计算机都实现了操作系统的自动更新。

"震荡波"病毒的影响遍布全球，累计造成了上千万台计算机瘫痪，使多家航空公司被迫取消航班、铁路公司陷入混乱，造成了大量旅客滞留等公共事件。"震荡波"病毒爆发后，微软开出了

25 万美元的悬赏，并且抓获了"震荡波"病毒的制作者——18 岁的德国少年黑客斯文·杰斯坎（Sven Jaschan）。

## 微软垄断市场造成技术单一

"蓝宝石""冲击波""震荡波"等病毒在互联网上的肆虐，让微软再次成为焦点。据统计，2002—2004 年，Windows 系列操作系统在美国的市场占有率超过 90%（见图 12-2）。Windows 操作系统的用户们，一边开心地享用着系统的强大功能，一边忍受着一波又一波的病毒侵袭，并独自承担所有的损失。

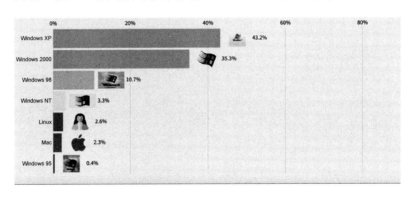

图 12-2　2003 年 11 月全球桌面操作系统市场份额占比

此时，学术界又掀起了新一波讨伐微软的声浪。

一家研究机构提出了一种可能发生的灾难：一个经验丰富的程序员团队，可以制作出携带高度破坏性载荷的蠕虫病毒，让它利用 Windows 操作系统的漏洞进行传播，这么做可以对全球互联网造成不可逆的破坏，以及超过 500 亿美元的直接经济损失。换句话说，他认为，Windows 操作系统正让全世界立于危墙之下。

另一家向微软开炮的组织是美国计算机与通信工业协会（Computer & Communication Industry Association, CCIA）。2001

年，CCIA 就曾经针对"把 IE 浏览器跟 Windows 操作系统捆绑销售"这个问题，参与过对微软的反垄断诉讼。2003 年 7 月，美国国土安全部刚刚跟微软签订了 Windows 操作系统的采购合同，CCIA 就立即公开发表声明，要求国土安全部"三思而后行"。

2003 年 9 月，CCIA 组织了一批网络安全研究人员，撰写并发表了一篇题为"网络不安全：垄断的代价"的报告。该报告的研究重点是"技术单一化"带来的风险。"单一化"这个词原本是农业领域的一个术语，意思是如果农民只种植一种作物，那么他们的成本会降低。但另一方面，只种植一种作物，也会增加因为感染某种疾病而导致绝收的风险。这篇报告提到了历史上"技术单一化"引发的典型事件——"莫里斯蠕虫"事件。"莫里斯蠕虫"之所以能够广泛传播，就是因为当时互联网上大部分计算机用的都是 UNIX 操作系统，而它们包含相同的漏洞。如今，Windows 操作系统的使用范围如此之广，已经造成了一种"显而易见而又真实的危险"。这篇报告指出，互联网在"蠕虫"面前表现得如此脆弱，根源就在于技术高度单一，亿万台计算机安装相同的 Windows 操作系统，有着相同的漏洞，这太可怕了。

而操作系统的提供者微软，主导地位过于突出，绑架了所有用户，甚至绑架了整个计算机和互联网产业。最后，这篇报告明确给出了解决"技术单一化"问题的建议，就是颁布法令，要求"政府使用的计算机操作系统中，来自任何单一供应商的产品不得超过 50%"。通过这样的法律和政策，引导操作系统以及应用软件走向多元化。

## 推动技术多元化困难重重

那么，CCIA 的建议可行吗？

有人给出了不一样的观点。

反对改变"技术单一化"的观点认为：技术多样性是有代价的。对于个人用户来说，如果他平时一直使用微软的 Word 进行文字处理，并且用 docx 格式保存文件，那么要将这些文档转换为其他操作系统上面不同的文件格式，就会带来不方便。而已经存在的事实是，Windows 操作系统及其自带的 Office 软件，已经让用户养成了用 Word 处理文档的习惯，并形成了一个庞大的用户网络。

梅特卡夫定律（见图 12-3）告诉我们，一个网络的价值与节点数的平方成正比。这也称为网络效应。微软产品拥有庞大的用户数量，已经产生了明显的网络效应。新用户加入这个网络，成本很低；而老用户退出这个网络、加入其他网络，则需要极大的勇气和高昂的学习成本。

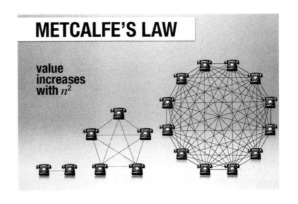

图 12-3　梅特卡夫定律

对于政府部门和其他的大型机构来说，如果要创建多样化的软件环境，例如在一半的计算机上安装 Windows 操作系统，在另一半的计算机上安装 Linux 操作系统，那么就得在系统维护、人员培训、应用软件部署、跟踪安全更新等很多项事务上花费两倍的成本和精力；而这样做的好处，似乎并不明显。

对于外界的批评，微软也试图为自己申辩一二。微软提出，不管是"红色代码""尼姆达"病毒，还是"冲击波""震荡波"病毒，利用的都是微软已经公开并且发布了补丁的漏洞。"红色代码"病毒利用的漏洞的补丁是在其爆发前 16 天发布的，"冲击波"病毒利用的漏洞的补丁是在其爆发前 1 个月发布的，"蓝宝石"病毒利用的漏洞的补丁是在其爆发前 6 个月发布的。这些"蠕虫"病毒之所以传播那么广、造成那么大的影响，其中一个原因是大多数用户没有设置"系统自动更新"或及时安装这些补丁。

微软此言不虚。研究发现，一般情况下，在微软就 Windows 操作系统漏洞发布补丁两周后，仍有超过三分之二的计算机尚未打补丁。

对于打补丁这件事，不仅个人用户会疏忽大意，很多大机构、大企业的表现也不怎么样。这是为什么呢？

因为，对于一个机构而言，日常安装补丁的工作并不简单。第一，机构必须时刻跟踪供应商发布补丁的行动，并决定哪些补丁是必须安装的、哪些是可以不装的。作决策，需要耗费一定的时间。

第二，发布的补丁有时会跟其他软件发生冲突，导致其他软件无法正常运行，严重时，补丁还会导致计算机崩溃，因此会被供应商撤回。为了避免影响机构业务的开展，往往会先在一小部分计算机上打补丁，并测试补丁是否正常工作，测试通过之后再在更大范围的计算机上打补丁。这意味着，要给大型组织的所有计算机打补丁，确实需要几天到几周的时间。

第三，打补丁的机制也很复杂，有一定的技术门槛。微软一共提供了多达 8 种漏洞修补机制。

基于以上这些原因，有超过三分之二的用户无法在两周内打补丁，也就不足为奇了。

微软也逐渐意识到了这些问题。为减轻系统管理员的负担，他们做出了一些改变：一是合并同类项，将漏洞修补机制减少为 2 种，化解选择困难症；二是化零为整，将单独的新补丁与旧补丁一并打包发布，避免遗漏，减少安装频次；三是临时改定时，将补丁发布日期固定在每个月的第二个星期二，称为"补丁星期二"，增强可预测性。

面对操作系统多元化的高成本，用户们很难做出舍弃 Windows、向其他操作系统迁移的选择。如此一来，在现有框架内更好地利用补丁、缩短漏洞修补时间，就成了最佳的选择。

然而，微软和用户们都没想到，发布补丁本身，还有一个严重的副作用：就是黑客可以对这些补丁进行逆向工程，识别出正在修补的漏洞并加以利用。

这又会带来怎样的局面呢？

## 划重点

（1）微软独霸市场造成技术单一。微软开展安全改革成效还未显现，安全事件仍在持续发生，安全专家针对微软独霸市场造成技术单一问题展开声讨，提议从政策等角度推动技术多元化。

（2）在实际中推动技术多元化困难重重。用户习惯已经形成，推动技术多元化成本太高。退而求其次，在现有框架内改进漏洞修复方式成为最佳选择。

# 参考文献

[1] Andrew J. Stewart. A vulnerable system-the history of information security in the computer age[M]. New York: Cornell University Press, 2021.

[2] R Bace, P Gutmann, P Metzger, et al. Cyberinsecurity: The cost of monopoly[R]. CCIA, 2003.

# 扩展阅读

（1）从"梅丽莎"到"狙击波"：Windows 蠕虫十年志。（快科技）

（2）微软反垄断案。（百度百科）

（3）SQL Slammer: How it works, prevent it。（至顶网）

# 自测题

**1．判断题**

蠕虫这种恶意代码，本身并不包含恶意的攻击载荷。（　　）

## 2．多选题

遭到"震荡波"攻击的计算机，出现的主要症状包括（　　）

（A）系统资源被大量占用

（B）弹出服务终止对话框

（C）系统反复重启

（D）不能正常复制文件和浏览网页

## 3．单选题

梅特卡夫定律指出，网络的价值与（　　）成正比。

（A）网络节点的数量

（B）网络节点数的平方

（C）网络中的资源数量

（D）网络的带宽

## 4．判断题

微软的软件产品由于市场占有率高，产生了"网络效应"，新用户加入网络成本很低，老用户退出网络成本很高。（　　）

# 第十三回　软件公司背水一战<br>逼出安全开发规范

上一回提到，微软为了帮助 Windows 操作系统的用户，特别是大机构的系统管理员，尽快打补丁，缩短攻击者利用漏洞发动攻击的时间窗口，从多个方面优化了补丁发布机制。但没想到，黑客迅速适应了这个变化，并做出了相应的调整。

## 打补丁治标不治本，软件公司备受诟病

所谓补丁，其实就是软件供应商针对操作系统、应用软件中发现的漏洞，而专门编写的修复程序。一般来说，当我们说"打补丁"，也就是运行补丁时，补丁会对一段包含漏洞的原有代码进行修改。补丁运行完成后，会生成一段没有原漏洞的新代码。

软件供应商的补丁，是面向全体用户公开发布的，这样一来，黑客也可以第一时间拿到。一些具有专业技术手段的黑客，能够通过反汇编等逆向工程的方法，对补丁进行破解，进而清晰地看到补丁在修复漏洞的过程中做了什么，从而推测出原来的代码存在怎样的漏洞。

水平更高的黑客还能根据漏洞信息，构建有效的攻击工具——

exploit（漏洞利用程序），用来入侵没打补丁的计算机。

因此，在当时，每个"补丁星期二"之后的第二天，都会出现一些针对性的漏洞利用攻击。于是，人们讽刺地把微软发布补丁的第二天称为"漏洞利用星期三"（见图 13-1）。微软产品的形象再次遭到沉重打击。

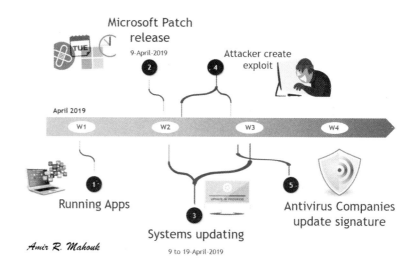

图 13-1    "补丁星期二"和"漏洞利用星期三"

除了微软，其他公司的热门应用软件，也存在一大堆漏洞，其应对策略和微软也没什么两样，除了发补丁还是发补丁，有的软件甚至一个月内发布了上百个补丁。也就是说，几乎所有软件供应商，都面临着同样的困境。

实际上，这些软件供应商心里都明白，优化漏洞修复机制，不过是一种权宜之计。要想解决根本问题，还得想办法减少操作系统和软件源代码里面的漏洞。只有在操作系统和应用软件上市之前，尽可能消除源代码中的漏洞，才能减少未来的补丁数量。他们心里更明白，用户想要的是买回来就安全的产品，而不希望整天为打没打补丁提心吊胆。

这意味着，软件供应商必须重新构建一种新的软件开发模式，才能从根本上提高创建安全软件的能力。而这样做，需要下很大的决心，同时在时间、成本上付出极大的成本，还要冒市场地位下滑的风险。

随着时间的推移，作为商业软件领域的"领头羊"和"出头鸟"，微软在市场份额一片飘红、遭受质疑却持续加码的危机之下，率先做出新的重大调整。

微软意识到，Windows 操作系统越来越复杂，代码总行数已经达到了千万行这个数量级，如果不能显著降低代码的缺陷率，按照每 1000 行代码 1 个漏洞计算，漏洞总数将达到几万个，"补不胜补"。另外，从软件工程的角度看，在软件开发早期发现和修复错误，比在后期为解决错误而发布补丁的成本更低，也更可靠。

前面提到过，微软从 2002 年开始实施了一系列专项行动，以提高每一个软件产品的安全性。不过，这项行动更像是"危机公关"的应急之举。由于行动缺乏统一的标准规范，各产品线各自为战，虽然耗费了大量精力，但效果并不理想。

2003 年，在一项面向信息安全专家和信息技术经理的调查中，微软产品安全性的评价结论，从之前的"良好"降到了"不及格"。

新推出的 Windows 2003 服务器版操作系统，虽然在安全方面做出了增加角色概念、增强访问控制、提供内置防火墙和加密等改进，但安全性缺乏质的变化，仍然没有扭转政府、业界和用户微软产品不安全的一贯印象。

## 微软推出软件安全开发生命周期模型

2003 年年底，微软在内部达成了共识，公司需要一个全局性的正式框架，从整体上解决包括操作系统和应用软件在内的所有软件产品的安全开发问题。

在总结前期专项行动经验的基础上，2004 年，微软的一位资深计算机安全专家、曾在 20 年前为美国国防部编写《可信计算机系统评估准则》（也就是"橙皮书"）的史蒂夫·利普纳，提出了一个重要的模型。他把微软现有的安全措施，有机地集成到软件开发全过程中，形成了一个完整、系统的工作流程模型。这个模型就是著名的软件安全开发生命周期模型（简称 SDL 模型，见图 13-2）。

图 13-2   SDL 模型

SDL 模型的提出，对于增强软件安全性具有十分重要的意义。为什么这么说呢？因为，与传统的软件开发流程不同，SDL 模型的核心理念是将安全措施体现在需求分析、设计、编码、测试和发布等每一个阶段，用立项需求评估、开发代码扫描、测试漏洞扫描、发布基础环境检查、上线实时安全监控与检查等这些嵌入软件生命周期的具体环节，一步一步保证开发流程的安全，以达到尽可能减少软件漏洞的目的。

史蒂夫·利普纳认为，漏洞发现得越早，其修复成本就越低。

为了尽可能将安全问题往前移，SDL 模型要求建立一条专门处理日常安全任务的"流水线"。在这条流水线上，从软件开发前的安全培训环节开始，到软件发布后的安全事件响应，SDL 模型在其中事无巨细地规定了多项安全措施。

例如，在开发软件产品前，SDL 模型要求包括开发人员、测试人员、项目经理、产品经理在内的开发团队所有成员，都必须接受严格的安全培训，了解相关的安全知识。这改善了传统软件产品开发者不关注安全的情况。

在软件产品设计阶段，SDL 模型要求为软件产品面临的安全威胁建立模型，明确可能遭受的攻击来自哪些方面。

在软件产品编码阶段，SDL 模型要求使用安全的编程语言，以规避缓冲区溢出等高危漏洞。

在软件产品测试阶段，SDL 模型要求采用静态分析检查程序源代码中的漏洞，采用模糊测试技术（Fuzzing），动态检验程序能否应对随机数据的攻击。

到了软件产品发布阶段，SDL 模型还规定在每个软件产品在发布时，必须包含安全事件响应方案；如果软件产品中包含第三方的代码，还要求留下第三方的联系方式，以便在发生问题时能够迅速找到对应的人。

可以看出，SDL 模型覆盖得十分全面，包含各种措施和要求，和 Windows 操作系统等软件产品的开发流程紧密结合，是一套源于实践并能指导实践的软件安全开发规范。

## 软件安全开发效果显著成为行业共识

2004 年 7 月，微软开始将 SDL 模型正式应用到各类软件产品的开发过程。经过几年的实践，取得了非常显著的效果，几种常见类型的安全漏洞（如缓冲区溢出漏洞）几乎被彻底消除了。以 2009 年发布的 Windows 7 为代表的新一代软件产品，高危漏洞的数量减少了一半以上。

微软在软件安全方面取得的显著成效，受到了业界的认可。奥多比（Adobe[1]）和其他一些知名的软件供应商都把 SDL 模型应用到了本公司的业务。

SDL 模型用结构化的方式处理软件安全，让软件安全变成一个可操作、可测量的明确目标，对软件安全领域做出了重大的贡献。

SDL 模型的成功使各大软件供应商，普遍达成了要以工程化方法解决软件安全问题的共识，软件安全开发的观念深入人心，越来越多的开发者认识到安全设计、安全编程与安全测试等环节的重要性。自 2004 年首次发布以来，SDL 模型成为软件安全开发广泛使用的模型，SDL 模型描述文档已被下载超过 100 万次，传播到 150 多个国家和地区。

也就是在这个时期，软件安全吸引了来自政府、业界、学界各方面研究者的高度关注，关于软件安全的学术会议、学术论文越来越多，软件安全逐渐发展成为一门学科。

至此，整个软件行业的安全水准得到大幅提高。比如，在 Windows 7 等主流操作系统和各种主流应用软件中发现新漏洞，

1 Adobe 公司由约翰·沃诺克和查尔斯·格什克（PDF 格式的发明者）于 1982 年 12 月创办，大名鼎鼎的 Adobe Photoshop 就是该公司的软件产品。

变得越来越困难。这大大增加了漏洞挖掘者的时间、精力成本和经验、技术门槛。

随着主流操作系统、主流应用软件中安全漏洞数量的减少，漏洞的价值也凸显了出来。

那些耗费更多心力才挖到漏洞的黑客，会如何处置他们挖出来的"宝贝"呢？

## 划重点

（1）打补丁治标不治本，软件公司备受诟病。优化漏洞修复机制，不过是一种权宜之计。要想解决根本问题，还得想办法减少操作系统和软件源代码中的漏洞。

（2）史蒂夫·利普纳提出的 SDL 模型，将安全措施体现在需求分析、设计、编码、测试和发布等每一个阶段，一步步保证软件产品开发流程的安全，以达到尽可能减少漏洞的目的。

（3）软件安全开发效果显著，成为行业共识。SDL 模型的成功使各大软件供应商普遍达成了要以工程化方法解决软件安全问题的共识，软件安全开发的观念深入人心，漏洞挖掘越来越困难。

## 参考文献

[1] Andrew J. Stewart. A vulnerable system - the history of information security in the computer age[M]. New York: Cornell University Press, 2021.

[2] 陈波, 于泠. 软件安全技术[M]. 北京: 机械工业出版社, 2018

## 扩展阅读

（1）SDL。（百度百科）

（2）软件漏洞。（百度百科）

## 自测题

**1. 判断题**

软件安全开发能够彻底避免安全漏洞的出现。（    ）

**2. 单选题**

在 21 世纪初期, 微软集中发布操作系统补丁的时间是每月的第二个（    ）。

（A）星期一

（B）星期二

（C）星期三

（D）星期四

**3. 判断题**

一些黑客, 能够通过观察"补丁在修复漏洞的过程做了什么", 推测出原代码存在怎样的漏洞。（    ）

## 4．多选题

SDL 软件安全开发模型覆盖的环节包括（　　）。

（A）软件需求分析

（B）软件设计

（C）软件编码

（D）软件测试与发布

# 第十四回 "零日漏洞"以稀为贵
## 挖掘披露不再免费

第十二回中讲道，"红色代码""震荡波"等影响广泛的恶意代码，所利用的都是一些已经公开的漏洞，软件供应商也发布了相应的补丁。之所以很多用户中招，是因为不重视、没有及时打补丁。

## "零日漏洞"数量少威胁大

图 14-1 "零日漏洞"

前文提到的漏洞还不是最可怕的。最可怕的是这样一种漏洞，它已经被人发现，而软件供应商却不知道，也没有发布相关补丁。这就是"零日漏洞"（见图 14-1）。哪些漏洞算"零日漏洞"呢？

有一次，我（本书作者李云凡）开车进入一个小区，转了一圈之后打算出去，于是开到了出口，摄像头拍到了我的车牌后抬起了横杆。但这时我又决定不出去了，挂倒挡退回来，停在了小区里。几个小时后，我再次开车出小区时，因为出口的摄像头已经拍过车牌、完成了计时，所以显示的收费金额为 0 元。

我偶然间发现的漏洞，属于门禁道闸系统设计上的缺陷。在小区保安知道并修复这个漏洞之前，这个漏洞就是发现者"可自由利用"的漏洞。发现者"可自由利用"，是"零日漏洞"的第一个特征。

不过，这种"小打小闹"的漏洞还算不上"零日漏洞"。因为它不满足零日漏洞的第二个特征：能够产生广泛而重大的影响。如果我发现了全国所有的停车场共同具有的漏洞，可以让任何车辆免费停车，而整个停车场行业都不知道，这种漏洞才能被称为"零日漏洞"。

通过这个例子，想必你已经清楚"零日漏洞"是什么意思了。首先，它存在于广泛流行的软件产品中，具有大规模的潜在攻击对象；其次，除了发现"零日漏洞"的人，其他人都不知道这个漏洞的存在，软件供应商更不可能发布这个漏洞的补丁。

据统计，"零日漏洞"从第一次被发现，到软件供应商了解相关信息并发布补丁，平均时间大约是 30 天。那么掌握"零日漏洞"的人，就可以在这么长的时间窗口中，随时对它加以利用。

与已经公开并拥有补丁的普通漏洞相比，"零日漏洞"的数量极其稀少。用它发起的攻击，往往具有很大的隐蔽性和破坏性。

在这种情况下，如果有人真的发现了一个价值巨大的"零日漏洞"，他应该怎么处理，才合情合理合法呢？

如何披露"零日漏洞"信息成难题

关于"零日漏洞"信息披露这个问题，成为网络对抗领域的一个关注焦点。

21 世纪初，"白帽子"和安全研究人员对这个问题的共识，与 20 世纪末一样，他们的答案都是应该公开披露。他们认为，为了全社会的公共利益，每个发现"零日漏洞"的人，都有义务把它公布出来，并在没有任何约束的互联网论坛上对它进行分析讨论。

公开披露漏洞，可以给相关的软件供应商带来极大的压力和紧迫感，促使相关人员尽快修补漏洞。

从"白帽子"个人利益的角度看，公开披露"零日漏洞"，会给自身带来很高的知名度和美誉度，极大满足他们的虚荣心。在"一夜成名"的激励下，发现"零日漏洞"的"白帽子"会积极主动地发布漏洞的详细信息，有些人还会提供漏洞利用程序，让用户自行测试攻击是否可行。

那么，这种公开披露漏洞信息的做法，有没有负面影响呢？答案是肯定的。要知道，一般来说，从发现"零日漏洞"，到软件供应商修复"零日漏洞"，需要一个月左右的时间。而在这段时间中，公开披露的漏洞信息，为本来不知道这些漏洞的其他黑客和"脚本小子"提供了便利。他们可以轻而易举地利用这些公开的漏洞信息或者直接使用漏洞利用程序发动攻击，而遭受攻击的人却毫无办法。

随着这类攻击事件的出现，公开披露漏洞信息的人开始受到指责。软件供应商责怪他们"不负责任"，有时甚至会给漏洞发现者发律师函，要求他们停止"非法刺探活动"；用户责怪他们让自己无端遭到攻击。

这让"公开披露者"陷入了"两头不讨好"的尴尬境地。他们开始考虑，公开披露"零日漏洞"的信息，到底是不是最好的解决方案。

经过大量的讨论和辩论，大部分"白帽子"和安全研究人员，决定对"漏洞信息"披露方法做出改进，由"公开披露"改为"负责任的披露"。

关于"负责任的披露"，一个非正式的规则是这样的：漏洞信息披露者发现"零日漏洞"后，应该私下联系软件供应商，告知漏洞的详细信息；而软件供应商应在 5 天之内向漏洞信息披露者做出回应，并在一定的时间（如 3 个月内）发布补丁；如果 3 个月后没有发布补丁，漏洞信息披露者有权将漏洞信息公开。

这种新的漏洞信息披露方法，一方面给软件供应商提供了修复漏洞、发布补丁的机会，另一方面消除了恶意攻击者在用户打补丁之前，利用漏洞信息入侵计算机的可能。同时，为了满足披露者"想要获得公共声誉"的愿望，软件供应商一般会在为新漏洞发布补丁时，向漏洞信息披露者公开致谢。

这样一来，用户、供应商、漏洞信息披露者三方面的利益都得到了保障。自此，"负责任的披露"取代"公开披露"，成为行业默认的标准。

可是，"负责任的披露"也不是完美的。有时，漏洞信息披露者会因为软件供应商迟迟没打补丁而感到自己的努力被辜负；有些漏洞信息披露者甚至觉得，跟"公开披露"相比，自己平白无故承担了责任，却把主动权让给了软件供应商。

软件供应商也有怨气。自己本来就很忙，有自己的漏洞修复任务和时间表，却还得应付外部人士随时推送过来的新漏洞。不仅打乱了原有的工作计划和节奏，而且稍有延迟就会招致批评。

各方势力大搞漏洞挖掘"军备竞赛"

面对这样的局面，一些大型软件供应商为了掌握主动权，决心把内部的安全研究人员组织起来，创建自己内部的漏洞挖掘团队，主动发现漏洞，并在确保安全的前提下对外发布漏洞描述信息。他们的做法是把"负责任的披露"变成了"宣传性披露"。

有意思的是，这些团队为了提升本公司的形象，在挖掘公司内部产品安全漏洞的同时，也会顺便挖掘其他公司软件产品的漏洞。比如，有一次，谷歌公司的漏洞挖掘团队，在微软的 IE 浏览器中发现了一个漏洞，并在微软要求他们不要发布该信息后，仍然发布了漏洞的详细信息。

结果可想而知，大型软件供应商之间为了自身的商业利益和品牌声誉，在漏洞挖掘领域搞起了"军备竞赛"。

不过，这在客观上壮大了网络对抗中防护方的力量。软件供应商内部的漏洞挖掘团队成为网络对抗"防护方"一支重要的力量。由软件供应商主导的"宣传性披露"，也成为漏洞信息披露的一种新方式。

由于软件供应商不仅持续改善软件产品的安全，还成立了内部漏洞挖掘团队，在主流操作系统和广泛使用的流行应用软件中发现新漏洞的难度越来越大。

"物以稀为贵"。"零日漏洞"作为"独家的秘密知识"，吸引了越来越多人的关注。

以安全防护为职业的人，只是网络对抗"江湖"上"生旦净末丑"中的一类角色。他们的故事，并不是故事的全部。现在，让我们切换视角，把目光投向计算机产业的边缘地带，投向散落在各地的"民间的"漏洞挖掘者。

在"民间的"漏洞挖掘者眼中，软件供应商特别是大公司，都是一些傲慢、无理的资本家。多年来，当"民间的"漏洞挖掘者发现软件产品中的漏洞时，有时会怀着友善的态度试着给软件供应商发邮件；可大多数时候，他们得到的不是感谢，反而是辱骂、恐吓和法律威胁。因为，微软、甲骨文等大的软件供应商更担心的是，如果"民间的"漏洞挖掘者的行为受到鼓励，可能会出现无法收拾的局面，所以这些大的软件供应商的立场是，任何引起人们注意其产品缺陷的人，都应该受到起诉。

这让很多"民间的"漏洞挖掘者转为黑客，站到了软件供应商的对立面。

好在"民间的"漏洞挖掘者，并不是只有把漏洞信息交给软件供应商这一个选择。他们也有展示成果、吸引关注、抱团取暖的圈子。一般情况下，他们会把漏洞信息，甚至漏洞利用程序公开发布在互联网的黑客论坛上，提高自己在黑客圈子中的"声望"；有时，他们还会故意把漏洞信息到处扩散，甚至告诉媒体，以此"羞辱"软件供应商。

和前面提到的"公开披露"一样，"民间的"漏洞挖掘者的这种行为也会被恶意攻击者利用，引发安全事件，常常把软件供应商弄得狼狈不堪。2002年，几家不堪重负的大公司，向"民间的"漏洞挖掘者们放了狠话：你们要么把漏洞交给我们，要么被我们告上法庭。

## "零日漏洞"交易兴起

就在这个时候，一家名叫 iDefense[1] 的公司，清晰地看到了"零日漏洞"的市场价值，也看到了民间黑客的艰难处境。

2003 年，iDefense 公司决定向"民间的"漏洞挖掘者敞开大门，以 75 美元和 500 美元的价格公开收购"零日漏洞"。对民间黑客来说，iDefense 公司给他们打开了一扇新的大门，与被供应商起诉相比，获得合法报酬显然更有吸引力。

iDefense 公司拿到漏洞信息之后，组织力量研制漏洞利用程序、展示漏洞危害，并向软件供应商提出修复优先级方面的建议，然后把这种被称为"威胁情报"的信息产品打包，以付费订阅的方式，出售给软件供应商和重视安全防护的其他机构客户。

iDefense 公司的生存策略取得了成功。在漏洞信息采集端，来自世界各地的黑客，开始源源不断地不断提交漏洞信息，这些漏洞的类型多样，有杀毒软件的漏洞，有通过浏览器截获用户口令从而盗取数据的漏洞利用程序，当然也有一些根本不能用的拼凑代码。在产品销售端，公司独特的产品大受欢迎，客户越来越多。

不过没多久，情况开始发生了微妙的变化。个别高水平的漏洞挖掘者开始变得更贪心，他们提交漏洞的数量变少、质量变差，有人开始要求更高的报价，并暗示除了 iDefense 公司，还有其他机构愿意出更高的价格。这又是怎么回事呢？

看来，在"零日漏洞"市场上，出现了手握大量资本的新玩家。2005 年，一家神秘的新公司，愿意开价数万美元，独家收购

1 iDefense 公司成立于 1999 年，是一家威胁情报公司，主要的客户是大银行和一些政府机构。威胁情报意味着软件产品中的漏洞，攻击者可以利用这些漏洞入侵受害者的网络并最终盗走他们的数据。2005 年，Verisign（威瑞信）公司收购了 iDefense 公司。Verisign 是一家专注于多种网络基础服务的上市公司。

微软、甲骨文等公司流行软件产品中的"零日漏洞"。

网络对抗的江湖，突然被追逐"零日漏洞"的巨额资金引爆了。

正可谓"'零日漏洞'以稀为贵，挖掘披露不再免费"。那么，到底是什么人，会花如此之高的价格收购零日漏洞？他们买回去之后，又会用"零日漏洞"做什么呢？

## 划重点

（1）"零日漏洞"的数量少、威胁大。与已经公开并拥有补丁的普通漏洞相比，零日漏洞数量极其稀少，用它发起的攻击，往往具有很大的隐蔽性和破坏性。

（2）如何处理"零日漏洞"成难题。漏洞由"公开披露"改为"负责任的披露"，给软件供应商提供了修复漏洞、发布补丁的机会，同时消除了恶意攻击者在用户打补丁之前，利用漏洞信息入侵计算机的可能。

（3）各方势力大搞漏洞挖掘"军备竞赛"。由于"零日漏洞"的巨大价值，各方势力纷纷组建团队加入漏洞挖掘"军备竞赛"。同时，漏洞开始被当成稀缺商品待价而沽。

## 参考文献

[1] 360 企业安全研究院. 走近安全：网络世界的攻与防[M]. 北京：电子工业出版社，2018.

[2] 夏冰. 网络安全法和网络安全等级保护 2.0[M]. 北京：电子工业出版社，2017.

[1] Andrew J. Stewart. A vulnerable system - the history of information security in the computer age[M]. New York: Cornell University Press, 2021.

## 拓展阅读

（1）零日漏洞。（百度百科）

（2）零日漏洞：震网病毒全揭秘。（安全牛）

## 自测题

### 1．多选题

零日漏洞有一些突出的特点，包括（　　）。

（A）发现者可自由利用

（B）隐蔽性、破坏性强

（C）具有大规模的潜在攻击对象

（D）数量少、价值高

### 2．单选题

下列选项中，关于公开披露"零日漏洞"信息带来的影响，错误的是（　　）。

（A）给相关的软件供应商带来极大压力和紧迫感，促使他们尽快修补漏洞

（B）给披露者带来很高的知名度和美誉度

（C）漏洞公开披露一段时间内来不及发布补丁，会出现利用漏洞的攻击

（D）软件厂商会获得巨大利益

**3．判断题**

负责任的披露要求漏洞信息披露者发现零日漏洞之后，私下联系软件供应商，告知漏洞详细信息。（　　）

**4．判断题**

很多民间黑客和软件供应商站在对立面，是因为供应商支付的酬金不够。（　　）

# 第十五回 多股势力躬身入局
漏洞博弈进深水区

2006 年，一个名叫查理·米勒的黑客，在某个流行的应用软件中发现了一个可利用的"零日漏洞"。他知道，自己挖到了一个"宝贝"。他寻思着下一步该怎么办呢？

在他的面前摆着 4 种选择：选择一，通知软件供应商，同时祈祷自己不要被威胁或被起诉；选择二，留着自己用，悄无声息地闯入别人的系统，做任何想做的事；选择三，把漏洞信息公布在互联网的黑客论坛上，或交给媒体公开发布，在圈内赢得声誉的同时，公开羞辱软件供应商、逼迫他们立即修复漏洞；选择四，提交给类似 iDefense 的公司，在获得一笔小小的收入的同时，还能获得公开的赞扬。

## "零日漏洞"的"灰色市场"

除此之外，查理·米勒还知道，有第 5 种选择——在"灰色市场"上出售他的"零日漏洞"。这个市场神秘而诱人，但只有很小一部分资深黑客了解它的存在。

实际上，早在 iDefense 公司成立多年之前，神秘的"零日漏洞"的"灰色市场"就已经存在了。

在 20 世纪 90 年代万维网热潮到来之前，互联网尚未大众化，主要用户是西方国家的政府机构和科研院所，利用漏洞发起攻击是反社会和非主流的。但在那个时候，美国国家安全局（National Security Agency，NSA）等情报机构，就已经拥有了一定的网络对抗技术储备和实力。

还记得 1988 年的"莫里斯蠕虫"事件吗？后来人们发现，"莫里斯蠕虫"中的一段代码，就是小莫里斯从在 NSA 担任计算机科学家的父亲那里"偷来"的。

不过在当时，由于没有太多的攻击和渗透任务，美国的情报机构并没有对"零日漏洞"产生迫切的外部需求。

到 20 世纪 90 年代中期，局面发生了根本性的变化。

网络技术发展一日千里，人们纷纷涌入互联网，并在上面记录生活点滴，开展工作业务，存储、传输信息。越来越多的情报机构意识到，网络已经成为情报的"富矿"和开展情报竞争的主战场。

包括美国中央情报局（Central Intelligence Agency，CIA）在内的多家缺乏网络对抗技术背景的情报机构，开始寻找能够秘密访问任何计算机系统的技术和工具。NSA 这样以技术手段获取情报为主业的机构，也开始害怕自己跟不上时代的步伐。这些机构知道，"零日漏洞"能帮助他们完成像"监控俄罗斯驻基辅大使馆工作人员"这样的间谍活动。

在这种的情况下，专门为美国情报机构供应"零日漏洞"和网络入侵工具的网络武器[1]承包商应运而生。

1　网络武器是指以计算机代码、计算机软/硬件系统等形式设计用来威胁、破坏或控制敌方网络信息系统的一类资源武器。

当时，美国国会一直在削减军费开支，但对网络安全、网络情报活动的预算，却在不断加码。政策制定者认为，最好的"零日漏洞"和漏洞利用程序意味着能拿到最好的情报，在这上面花钱，花得值！

1998 年，美国大使馆爆炸案[1]令美国政府非常紧张。

此后，美国情报机构对"零日漏洞"出现了井喷式的需求。情报机构的预算非常充裕，出手也很大方，有一个包含 10 个"零日漏洞"利用程序，被卖到了 100 万美元。

网络武器承包商的规模和技术实力有限，挖掘漏洞的速度远远满足不了情报机构的胃口。在高额利润的诱惑下，网络武器承包商的主营业务从"组建团队挖漏洞"变成了"收购优质漏洞再把漏洞武器化"。

大约就是从这时起，美国"零日漏洞"的"灰色市场"诞生了。

网络武器承包商开始在互联网的黑客论坛上与发布"零日漏洞"的黑客建立单线联系，询问他们是否愿意"独家而秘密"地转让漏洞信息，以获得丰厚的报酬。

那时候，并没有成熟的"零日漏洞"交易机制和交易平台。网络武器承包商和来自波兰、以色列等世界各地的黑客之间，冒着巨大的道德和信任风险，通过电子邮件进行沟通，大部分交易还需要找到合适的中间人，用装满现金的旅行箱完成跨国支付。可想而知，这是一种非常低效的交易模式。

2003 年，有的网络武器承包商发现了公开收购"零日漏洞"公司（如 iDefense）的存在。于是，网络武器承包商希望把这些公司变成新的"漏洞采购基地"。

---

1 美国大使馆爆炸案是指 1998 年 8 月 7 日美国驻坦桑尼亚原首都达累斯萨拉姆和肯尼亚首都内罗毕的大使馆几乎同时遭遇汽车炸弹的恐怖袭击事件，这两起恐怖袭击共造成 224 人遇难，超过 4500 人受伤。

　　2004 年的一天，iDefense 公司的老板沃特斯接到了一个神秘的电话。来电者愿意为一个漏洞支付 15 万美元，条件是交易要保密并且不能将漏洞信息再转给他人。来电话的人说，他们为美国政府的一家网络武器承包商工作。

　　沃特斯拒绝了。但这个人每隔一段时间就会给他打一个电话，直到几个月之后，他最终同意了这桩所谓的"爱国主义生意"。

　　后来，沃特斯接到的求购电话越来越多，报价也越来越高。"零日漏洞"的挖掘和交易，成了一桩"前景美好"的大生意。

　　高额的回报吸引了更多人进入了这个领域，以漏洞挖掘为主业的公司如雨后春笋般崛起，洛克希德·马丁（Lockheed Martin）、雷神（Raytheon）、波音（Boeing）等大型国防承包商也纷纷高薪挖人、组建为美国政府服务的网络武器制造团队。专门从独立卖家手上收购漏洞、再高价转卖出去的中间商也越来越多，甚至是一年一度的黑帽子大会，也成为漏洞交易的温床。奇怪的是，没有任何法律约束这种乱象。或许，正是因为处于合法与非法的中间地带，这个市场才被称为"灰色市场"吧。

## 多方势力参与"零日漏洞"争夺

　　沃特斯看到，iDefense 公司的业务运作模式越来越无法和"灰色市场"中的买家和中间商竞争，而且，CIA 等财力雄厚的各国情报机构，甚至一些搞不清底细的势力陆续入局，让他感到巨大的恐惧。他说，在这个不受任何监管的市场上，网络武器从世界的各个角落流向愿意出高价的人手中，让他有一种"核武器扩散"般的恐怖感。

2005 年 7 月，沃特斯以 4000 万美元的价格卖掉了 iDefense 公司，退出了这个可能给他带来灾祸的圈子。

"灰色市场"的火热，让一些专门从事安全工作的"白帽子"也开始认为，把漏洞信息告知软件供应商，相当于把钱直接送给他们。"负责任的披露"的行业准则变得形同虚设，软件供应商彻底陷入了对产品安全漏洞失去控制的恐慌。

2005 年前后，一些大型软件供应商终于被迫放下了傲慢，提出了"漏洞赏金"计划（见图 15-1），为向他们报告"零日漏洞"的人发放奖金。

图 15-1　"漏洞赏金"计划

"漏洞赏金"计划开辟了一个可以光明正大通过挖掘漏洞赚钱的"白色市场"。虽然软件供应商提供的奖金数量无法和"灰色市场"相比，但没有风险、挣的钱又很"干净"，仍然吸引了一大批来自世界各地的漏洞挖掘者参与其中。

这方面做得比较成功的是谷歌。自从 2010 年开始向漏洞挖掘者支付第一笔赏金开始，谷歌持续提高赏金的上限，最高可达 3 万美元，并通过赠送纪念 T 恤、在官网上公开致谢等方式，营造出一种"以成为谷歌赏金黑客为荣"的文化氛围。

对谷歌来说，他们只花了一点小钱，就在全球拥有了一支数百名漏洞挖掘者的"网安保安队"。"漏洞赏金"计划也让通过挖掘"零日漏洞"赚钱的行为，不再见不得光了。

在网络对抗领域的"零日漏洞"博弈中，出现了从未有过的新态势。在"灰色市场"中，作为"攻击方"的多国家情报机构等让"零日漏洞"流向他们，并利用"零日漏洞"进行侦察、监视和攻击破坏，尽可能让"零日漏洞"不为人知；作为"防护方"的软件供应商努力让新发现的"零日漏洞"流向公司的漏洞修复团队，将没有补丁的"零日漏洞"变成有补丁的"非零日漏洞"，让"灰色市场"的其他买主两手空空。

围绕"零日漏洞"的博弈成为网络对抗领域最敏感、最隐秘的部分。很快，又出现了新的舞台，让"零日漏洞"的价值进一步受到全社会的瞩目。

2007年，在谷歌、微软、苹果、惠普等公司的支持下，聚焦漏洞挖掘的世界黑客大赛 Pwn2Own[1] 隆重揭幕。赞助商为了完善自家的软件产品，为大赛提供了丰厚的奖金，赛事的名称向黑客们暗示，只要你能攻破系统就能拿到奖金。例如，成功攻破谷歌 Chrome 浏览器的人就拿到了 6 万美元。Pwn2Own 大赛吸引了全球顶级漏洞挖掘团队的参与。

1 Pwn2Own 是全世界最著名、奖金最丰厚的黑客大赛之一，由惠普旗下 TippingPoint 的项目组 ZDI（Zero Day Initiative）主办，谷歌、微软、苹果、奥多比等都对比赛提供了支持，通过黑客攻击挑战来完善自身的软件产品。

"灰色市场"上的漏洞中间商也不甘示弱，直接用钱开路，立即把 Chrome 浏览器的漏洞报价提高到了 8 万美元。

随着时间的推移，各方势力对"零日漏洞"的争夺日趋白热化，漏洞价格持续上涨。比如，2016 年，美国联邦调查局（Federal Bureau of Investigation，FBI）花了 130 多万美元买到了一个可以入侵 iPhone 的"零日漏洞"利用程序；2020 年，谷歌为安卓手机远程入侵漏洞提供的赏金为 150 万美元，"灰色市场"的中间商的报价更高达 250 万美元。

总而言之，在美国这个资本主导的国家，"零日漏洞"的披露问题，从"公开披露"演化为"负责任的披露"，再到"宣传性披露"，最终形成了"灰色市场"和"白色市场"共存、以"交易和赎买"代替"免费披露"的解决方案。

这样的解决方案，对拥有技术能力的黑客来说，不论"黑帽子"还是"白帽子"，都意味着重大的变化。传统意义上的，由好奇心、探索欲和公益精神驱动的"黑客行为"，逐步被利益驱动的商业行为所取代。江湖上少了"大侠千里走单骑"的传说，多了一台以金钱为燃料的"'零日漏洞'生产机器"。

正可谓"多股势力躬身入局，漏洞博弈进入深水区"。情报机构、全球黑客、软件供应商，甚至网络犯罪组织之间的复杂博弈，为网络对抗的未来，描绘了一幅令人担忧的图景，那就是——利用"零日漏洞"开展的网络对抗活动，将远远超出计算机行业的范围，进入更广泛的各个领域，并对社会乃至全世界产生更大的影响。

## 划重点

（1）"零日漏洞"的"灰色市场"。需求越来越大，零日漏洞挖掘和交易市场发展壮大，同时由于多方利益纠葛，"零日漏洞"交易缺乏约束成为"灰色市场"。

（2）多方势力参与"零日漏洞"争夺。在多方参与博弈下，"零日漏洞"的披露问题，从公开披露演化为"负责任的披露"，再到"宣传性披露"，最终形成了"灰色市场"和"白色市场"共存、以"交易和赎买"代替"免费披露"的解决方案。

## 参考文献

[1] 中国新闻网. 美国最大国防承包商洛克希德马丁遭黑客入侵[N/OL]. [2023-12-14]. https://www.chinanews.com/gj/2011/05-29/3074313.shtml.

[2] Nicole Perlroth. The cyber-weapons arms race: this is how they tell me the world ends[M]. London: Bloomsbury Publishing, 2021.

## 扩展阅读

(1) 系统后门。(百度百科)

(2) 什么是漏洞利用以及用户害怕的原因?(Kaspersky Daily)

## 自测题

**1. 判断题**

只要软件厂商及时发布补丁、修补零日漏洞,这个零日漏洞就无法再对计算机安全造成威胁。(　　)

**2. 多选题**

"零日漏洞"交易的"灰色市场"的潜在买家包括(　　)。

(A)各国军方

(B)网络武器承包商

(C) 各国情报部门

(D) 网络安全爱好者

### 3. 单选题

"零日漏洞"交易的"白色市场"的买方是（　　）。

(A) 软件厂商

(B) 黑客大会

(C) 黑客论坛

(D) 漏洞收购平台

### 4. 多选题

在各方博弈下，"零日漏洞"披露问题出现哪些变化？（　　）

(A) 公开披露漏洞信息的做法逐渐被淘汰

(B) "灰色市场"和"白色市场"共存

(C) "交易和赎买"代替"免费披露"

(D) "零日漏洞"的买家越来越多

# 第四篇
# 广域蔓延

百业竞相信息化　问题暴露风险大
亿万用户意识弱　钓鱼诱骗把密夺
"暗网"黑产比特币　网络犯罪成顽疾
复杂危险供应链　暗藏后门寝难安
武器扩散势难阻　关系错综群魔舞

# 第十六回　百业竞相信息化
# 　　　　　问题暴露风险大

　　计算机主流操作系统和应用软件中的"零日漏洞"具有难以获得、高度隐秘、影响广泛等特点，使"零日漏洞"的身价一路飙涨，成为被各方势力明争暗夺的战略资源。

　　难道软件的设计者，就不能想想办法，设计出完全没有漏洞的代码吗？

　　很遗憾，从理论上来讲，构建没有任何漏洞，也就是没有任何逻辑缺陷的软件、协议、安全策略，乃至硬件，是不可能的。计算机科学和产业界数十年的尝试，也没有给出不一样的答案。

## 为提升效率，各行业竞相信息化

　　从提高效率的角度出发，对于各行各业的从业者来说，把计算机和网络等信息技术用到自己的领域中，有着巨大的吸引力。他们认为，如果能把各种人工、机械化的业务流程迁移到计算机和网络之上，让工作人员使用计算机和网络来监测状态、传输指令、控制操作，将大大提高工作效率，是一件非常有价值的创新。这种创新的过程，就是我们常说的信息化。

比如，对于一家钢厂来说，如果把炼钢车间的温度传感器、压力传感器等多个装置，连接到一台具有监视、报警、控制等功能的计算机上，是不是要比人工读取各个传感器的数值，再把数值汇总起来进行判断，要更高效呢？

如果把多个车间的计算机连接成一个网络，钢厂生产部门的工作人员就可以在调度室内全面了解各个环节的现场情况，这样是不是可以进一步提高钢厂的生产效率呢？

再进一步，一个在全球拥有多家钢厂的大型集团，在各钢厂实现信息化调度的基础上，如果依托互联网，将所有钢厂的生产数据汇总并进行实时分析，以此指导全球资源的调配，这样是不是又能进一步提高效率呢？显然，这些问题的答案都是肯定的，信息化的确能显著提升生产效率。钢铁行业信息化示例如图 16-1 所示。

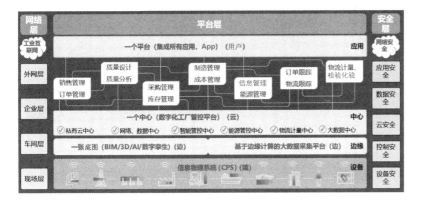

图 16-1　钢铁行业信息化示例

信息化成了我们这个时代向前发展的重要引擎。在过去的几十年间，"0""1"代码对社会的各行各业持续渗透，计算机和网络等信息技术在各行各业遍地开花，引发了社会生产方式和生活方式的深刻变化。

当各行各业争相拥抱计算机和网络时，就意味着它们不得不接受相伴而来的"网络安全"问题。

信息化导致各行各业网络安全问题频发。下面，来看几个典型的网络安全事件。

第一个网络安全事件，受害者是一家核电厂。

2003 年 1 月爆发的"蓝宝石"病毒（详见第十二回），出人意料地对美国俄亥俄州的一家核电厂造成了严重影响，使核电厂计算机的处理速度变缓、安全参数显示系统和过程控制计算机连续数小时无法工作，核电厂被迫停止运转进行检修。核电厂内部网络的防护非常严密，"蓝宝石"病毒是怎么进来的呢？

后经查明，一名负责核电厂运维工作、来自外部承包商的工作人员，在他的笔记本电脑和核电厂内部网络之间建立了一个没有防护的连接，"蓝宝石"病毒通过这个渠道进入了核电厂的内部网络。核电厂内部网络中运行 Windows 操作系统的计算机没有及时安装相应的补丁，最终导致网络安全事件发生。

第二个网络安全事件，受害者是几个国家的军队内部网络。

2008 年 11 月，互联网上出现了一种"飞客"蠕虫，它利用 Windows 操作系统的一个已知漏洞，可在目标计算机上执行代码。2009 年 1 月，法国海军发现"飞客"蠕虫已感染了其内部网络的大量计算机。为阻止"飞客"蠕虫进一步传播，他们被迫切断了网络连接，导致部队无法使用网络服务，法军部分战斗机的起飞计划也被叫停。英军和德军的部分网络也爆发了大面积感染"飞客"蠕虫的事件。蠕虫传播原理如图 16-2 所示。

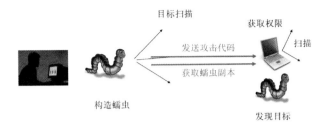

图 16-2　蠕虫传播原理

军队的内部网络怎么会被外部的恶意病毒感染呢？据报道，起因可能是某个士兵将家中被病毒感染的 U 盘插入了军队内部网络的计算机。同时，可以肯定的是，这些受感染的计算机，都没有安装相应的补丁。

第三个网络安全事件，受害者包括政府服务、网上银行、网络购物、新闻门户等各类网站，这些网站用户众多、访问量大，影响范围特别广。

2012 年开始，在用于实现万维网加密通信、保证数据传输私密性的 HTTPS[1] 中，一个名为 OpenSSL 的软件包被纳入其中。自此，OpenSSL 软件包被广泛应用在浏览器等万维网应用中，很多对安全性要求较高的网站，如银行网站、证券交易网站、网络购物网站等，都会使用包含这个软件包的 HTTPS，与客户端创建安全连接，传递交易密码等敏感信息。

2014 年 4 月，一名"白帽子"发现，OpenSSL 软件包存在重大安全漏洞，入侵者可以利用这个漏洞，实时获取到 200 多个以"https://"开头网址的用户登录账号和密码，包括全球各大银行的网银、购物网站、电子邮件等。最可怕的是，这个漏洞是属于协议层面的漏洞，与计算机硬件和操作系统无关。也就是说，只要运行 HTTPS 的设备，就会受到影响。因此，漏洞发现者把它命名为"心脏出血"漏洞——代表着最致命的内伤。

1　HTTPS（Hypertext Transfer Protocol Secure）是在 HTTP 的基础上通过传输加密和身份认证保证传输过程安全性的。HTTPS 在 HTTP 的基础上加入了安全套接层（Secure Socket Layer, SSL），HTTPS 的安全基础是 SSL。

"心脏出血"漏洞被曝出后，大部分网站迅速修补了漏洞，但仍有一些缺乏敏感性的"马大哈"。"心脏出血"漏洞被曝出的一个星期后，有黑客利用该漏洞窃取了美国一家连锁医院的安全密钥，盗走了 450 万份病历。

现在，请你思考一下，在以上这些网络安全事件中，核电厂、军队、银行、医院等机构，受到网络安全事件影响的原因是什么？

这些机构受到影响的原因是使用了 Windows、HTTPS 等通用的操作系统和网络协议，从而让通用的操作系统或网络协议中的漏洞，变成了自己业务系统、网络服务中的漏洞。通用信息技术中蕴含的风险，成了各行各业面临的风险。

为了便于区分，我们把直接使用通用信息技术与产品带来的安全问题，称为信息化带来的第一类安全问题或原生的安全问题。

那么，是不是还有第二类安全问题呢？当各行业、各领域对特定业务流程进行代码化后，这些代码中的漏洞被人发现并利用，就形成了第二类安全问题，也称为新生的安全问题。

## 新生的安全问题使得"网络攻击破坏物理实体"成为可能

第二类安全问题的典型事件，是 2007 年 3 月由美国能源部下辖的爱达荷国家实验室[1]实施，并于 2007 年 9 月由美国媒体 CNN 公开的极光发电机试验[2]。试验的设计者迈克尔·阿桑特（Michael Assante）是美军的一名退役军官，他耗费两年时间，设计构建出了一个通过网络攻击破坏物理实体的真实情景。

要通过代码对物理实体造成破坏，需要一个叫做可编程逻辑

[1] 爱达荷国家实验室（Idaho National Laboratory，INL）是隶属于美国能源部的国家实验室之一，主要研究核能技术。很多现代核反应堆技术都是该实验室研究出来的。

[2] 极光发电机试验（Aurora Generator Test）验证了通过恶意代码攻击控制系统的可行性，该试验用铁一般的事实证明了，要摧毁控制系统中的关键设备，并不需要和它发生物理接触，远程注入一段精心设计的恶意代码即可。

控制器的东西，其英文名称是 Programable Logic Controller（PLC），见图 16-3。顾名思义，可编程逻辑控制器，就是让人们把逻辑运算、顺序控制、定时、计数等操作控制指令编写成一段代码，然后通过执行这段代码来控制设备执行各种动作。

图 16-3　可编程逻辑控制器

在现代社会中，可编程逻辑控制器的应用范围非常广。通过它，人们可以用代码控制真实世界中各种巨大的机电设备，让这些巨大的机电设备按照人们的意志运转；通过它，人们可以监控发电机、涡轮机、锅炉等大型设备正常运转，控制污水处理厂的大型水泵，控制天然气管道的阀门，控制流水线上的工业机器人，控制高铁、地铁的快慢，控制电梯和中央空调甚至十字路口的红绿灯……

这些控制代码各不相同，都是针对特定业务流程专门编写的。要想搞清楚这些控制代码的逻辑，甚至找出它们的漏洞和缺陷，就需要深入了解特定的业务流程逻辑，以及相关领域的背景知识。

迈克尔·阿桑特正是这样一位既了解软件代码、又了解特定的业务流程逻辑，具有复合型知识结构的人才。他采购了一台 27 吨的二手退役发电机，作为"网络攻击现场直播"的道具。他最重要的准备工作，是针对用于控制发电机的可编程逻辑控制器，精心设计了攻击代码。

2007 年 3 月 4 日这天，迈克尔·阿桑特邀请了美国国土安全部官员、电力行业高管等业内人士到现场观看。攻击持续了 3 分钟，在短短 21 行攻击代码的作用下，这台 5000 马力的柴油发电机（见图 16-4），像受到电击一般倾斜、震荡，零部件一块块地从机身上弹出，发电机迅速彻底报废，试验获得了成功。

图 16-4　极光发电机试验中的柴油发动机

极光发电机试验让很多人第一次意识到，不仅仅是计算机和网络，只要采用"0""1"代码实施通信和控制的领域，都可能存在逻辑漏洞，面临网络攻击风险。

在汽车、银行、交通等多个行业，一系列令人意想不到的控制系统漏洞陆续被曝光。有黑客发现了切诺基、克莱斯勒等汽车远程控制系统中的漏洞，黑客能够利用这些漏洞实现远程入侵，接管刹车和方向盘。有黑客破解了银行的 ATM 自动取款机，能用带有恶意代码的银行卡让机器持续不停地出钞。有黑客在一个陌生的城市中，拿出他的笔记本电脑，敲上几行代码，就能让附近路口的信号灯随意地由红灯变成绿灯、由绿灯变成红灯。

这些新的漏洞和新的攻击，引发了黑客们对控制系统漏洞的极大兴趣。

## 控制系统攻击成高风险地带，黑客会收手吗

在 2013 年的黑帽子大会前发生了一件事，让关于控制系统漏

洞的公开讨论几乎销声匿迹。一位名叫巴纳拜·杰克〔Barnaby Jack〕的黑客，声称他发现了多款无线心脏起搏器中的漏洞，准备在大会上利用漏洞对假人目标进行高压放电攻击展示。让人意外的是，大会还没开幕，巴纳拜·杰克却突然神秘死亡。

这件事给当年的黑帽子大会蒙上了一层阴影，也让黑客们意识到网络攻击的破坏力已经从信息域扩展到物理域。如果不加管控、肆意释放这种力量，网络攻击不仅会对社会造成剧烈破坏，而且会给自身带来不可预知的灾祸。

令人略感欣慰的是，在现实当中，针对能源基础设施、工业控制系统、交通工具、日常金融设备、医疗设备等控制系统漏洞的攻击事件十分罕见。关于控制系统攻防对抗技术的讨论，也仅局限在产业圈和学术圈内。

看来，黑客们也觉得，虽然网络对抗已经横向扩散到多个行业，但有些行业太敏感、攻击后果太严重，没必要去趟高风险的"浑水"。于是，他们把注意力投向了一个技术门槛更低、利益回报也不小的新领域。

这个新领域是什么呢?

# 划重点

（1）在效率驱动各行业竞相信息化的同时，各行业也出现了"网络安全"问题。各行业受到影响的原因是，使用了 Windows、HTTPS 这些通用的操作系统和网络协议，从而让通用操作系统或网络协议中的"缺陷"，变成了自己业务系统、网络服务中的缺陷。

（2）新生的安全问题使得"网络攻击破坏物理实体"成为可

能。不仅仅是计算机和互联网，只要已经采用"0""1"代码实施通信和控制的领域，就可能存在逻辑漏洞、面临网络攻击风险。

（3）网络攻击的破坏力已经从信息域扩展到物理域。如果不加管控、肆意释放这种力量，网络攻击不仅会对社会造成剧烈破坏，而且会给黑客自身带来不可预知的灾祸。

## 参考文献

[1] 谷神星网络. 震惊世界的七大工控网络安全事件[R]. 北京：谷神星网络，2014-07-17.

## 扩展阅读

（1）Slammer 蠕虫。（百度百科）

（2）"网络安全涨姿势"漏洞如其名，"心脏出血"制造致命内伤。（百家号）

（3）工控十大网络攻击武器分析。（知乎）

（4）零日漏洞：震网病毒全揭秘。（安全牛）

## 自测题

### 1. 单选题

下列选项中，关于"飞客"病毒引起世界广泛关注的原因，错误的是（    ）。

（A）具有极强的传染能力，两个月内感染数百万台设备

(B) 微软曾悬赏 25 万美元用于抓获病毒制作者

(C) 全球多个国家的军事机构受影响

(D)"飞客"是一种专门针对 UNIX 操作系统的蠕虫

**2．单选题**

以下关于 OpenSSL"心脏出血"漏洞,描述不正确的是(　　)。

(A) OpenSSL 广泛用于传输层安全协议的实现

(B)"心脏出血"是协议漏洞,与计算机硬件无关

(C)"心脏出血"漏洞能让路由器、防火墙等安防设备无法正常工作

(D)"心脏出血"漏洞在被发现之前已经存在

**3．判断题**

构建一个没有任何漏洞的软件是可行的。(　　)

**4．判断题**

网络攻击只可能攻击由代码编制成的程序,不可能攻击实体设备。(　　)

# 第十七回　亿万用户意识弱
## 　　　　　钓鱼诱骗把密夺

　　请你站在攻击者的立场，思考这样一个问题：主流操作系统和应用软件越来越难攻破，金融、能源、交通、医疗等行业虽然有些漏洞，但不适合作为攻击目标。哪里才是容易下手、而且有利可图的"狩猎场"呢？

　　事物总是沿着阻力最小的方向发展。黑客们逐渐发现，缺乏网络安全意识的用户，就是他们苦苦寻找的弱小而肥美的"羊群"，而且"羊群"的规模是天文数字，足够养活大量贪婪的"猎手"。

　　在现实生活中，人们往往会做出明确而有意识的选择来提高安全感，减少隐私暴露。比如，在谈论私事时通常会选择私密的空间，把门关上。而在互联网上，人们有时分不清楚，自己是否处于真正私密的环境中。很多时候，人们以为自己是安全的，但"网络房间的那扇门"却开着一条缝。就这样，网络对抗，迈出了向亿万普通用户蔓延的一步。

## 普通用户成为网络攻击的新靶子，口令泄露首当其冲

　　最常见的网络攻击是破解口令。口令（Password）是用于验

证用户身份的一个字符串，平时我们常把它叫做密码，如开机密码、系统登录密码等。大多数用户在设置口令时，都比较随意，因此随处可见的口令，成为攻击者非常偏爱的攻击目标。

据统计，超过一半的用户曾使用过"123456""abcabc"这种特别简单、很容易被猜到的弱口令；也有不少人在网络路由器等设备上，直接使用设备出厂时的默认口令，从来没改过，这样做相当于你在锁门时忘了把钥匙拔出来。使用弱口令的后果是，攻击者不费吹灰之力即可拿下并使用你的身份通过验证。国内网民常用的 25 个弱口令如图 17-1 所示。该统计结果是基于国内流行的密码字典软件破译得到的，其中灰色的也是国外网民常用的口令。

| 简单数字组合 | 顺序字符组合 | 临近字符组合 | 特殊含义组合 |
| --- | --- | --- | --- |
| 000000 | abcdef | 123qwe | admin |
| 111111 | abcabc | qwerty | password |
| 11111111 | abc123 | qweasd | p@ssword |
| 112233 | a1b2c3 | | passwd |
| 123123 | aaa111 | | iloveyou |
| 123321 | | | 5201314 |
| 123456 | | | |
| 12345678 | | | |
| 654321 | | | |
| 666666 | | | |
| 888888 | | | |

图 17-1 国内网民常用的 25 个弱口令

还有一些用户为了方便记忆，使用姓名拼音缩写、生日、手机号或一些与个人信息有关联的字符作为口令的一部分。一旦用户的身份信息泄露，这类口令很容易被攻击者破解出来。

不过，对攻击者来说，一个口令一个口令地破解，效率太低了。

有攻击者开始使用另一种更高效的攻击手段——网络"钓鱼"。

# 广撒"网"，网络"钓鱼"总能钓到"鱼"

网络"钓鱼"的第一步，是攻击者给攻击目标发送"钓鱼"邮件（见图 17-2）。攻击者会精心设计邮件的内容，如"你中奖了"，以诱使收件人单击邮件中的链接或打开邮件附件。一旦收件人单击链接或打开邮件附件，隐藏在链接或邮件附件之中的恶意代码就会立刻植入收件人的计算机，这台计算机随即就会被攻击者控制。

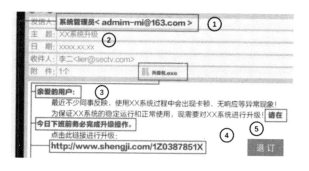

图 17-2　"钓鱼"邮件示例

还有一种"钓鱼"攻击，是攻击者先建设一个仿冒某个知名网站，如某家银行的假网站，然后引诱受害者访问。如果受害者没有发现猫腻，把自己的银行卡号、取款密码等敏感信息输入"钓鱼"网站（见图 17-3），那么关键的个人金融信息就泄露了。

图 17-3　"钓鱼"网站示例

与突破防火墙或利用漏洞入侵系统相比，网络钓鱼所需要的技术门槛更低；与一个一个地破解口令相比，网络钓鱼的攻击效率更高。

比如，攻击者可以采用广撒"网"的方式，几乎零成本地群发海量"钓鱼"邮件，虽然只有很小比例的人会上当，但由于总量特别巨大，攻击者总能成功钓到一些"鱼"。我们简单计算一下，如果在 100 万封"钓鱼"邮件中，有万分之一的人上当，攻击者就能成功获得 100 人的敏感信息。

对于一些高价值的目标，攻击者还会综合运用技术手段和社会工程学[1]的手段，利用用户的轻信、同情、恐惧等心理，诱骗用户做出不安全的行为，从而窃取数据或入侵系统。

## 巧妙利用心理陷阱，实现社会工程学攻击

下面的故事描述了美国一家中型印刷公司（A 公司）邀请某网络安全公司进行渗透测试的过程。安全公司的"攻击者"运用社会工程学的诱骗技巧，成功实现了入侵，盗取了机密文件。

为增加代入感，下面以安全公司的"攻击者"为第一人称来进行讲述。

A 公司的 CEO 名叫查理，他的计算机上存储着 A 公司的核心专利。他告诉我的同事，自己将用生命守护这些机密信息，不相信我们能攻破他的计算机。

按照惯例，我从信息收集起步，这是实施渗透攻击的第一步。我通过搜索引擎和其他网络侦察工具，对 A 公司开展了全方位的调查。很快，我获得了很多有用的信息，如服务器的位置、IP 地

1 社会工程学是一门研究人际交往与信息安全的学科，它通过深入分析和理解人类心理、社会行为，以及组织结构，旨在识别和利用这些因素以达到欺骗、操控或获取机密信息的目的。

址、邮箱地址、电话号码、公司地址、邮件服务器、员工的名字
及头衔等。

我发现 A 公司的邮箱地址结构是"员工姓名@公司名.com"。
我没能找到查理的邮箱地址，但网站的许多文章都提到了他的名
字和头衔。通过将 CEO 的名字、昵称和其他信息进行排列组合，
我成功地猜到了他的邮箱地址。

接下来，我使用网络扫描工具对公司网站域名范围内的文件
进行扫描，获得了公司网站的目录结构和大量文件的概要信息（包
括文件名、创建日期、创建者等），有些文件甚至可以直接下载。

在浏览文件概要信息的过程中，一个由查理创建的 Excel 文件
引起了我的注意。下载该文件后发现，这是当地一家银行开具的
发票，上面记载着银行名称、开票日期和资金数额，但没有具体
的项目名称等信息。

我在多方查证后得知，这张发票来自"儿童癌症基金会"的
年度活动，A 公司是这个基金会的赞助商。我又找到了一些 A 公
司为癌症治疗研究出资赞助的报道。原来，查理的一位亲戚的孩
子，正在与癌症作斗争，因此他非常关注儿童癌症方面的募捐。

另外，我通过社交媒体、本地生活服务平台等渠道，对查理
做了更深入的调查。我知道他来自纽约，经常会带着孩子看大都
会棒球队的比赛，经常去多明戈餐厅吃饭。我还了解到查理父母
的名字、姐妹的名字、他读的是哪所大学，以及他孩子上的是哪
所学校，等等。

经过构思，我想好了攻击计划。我打算伪装成癌症基金会的
工作人员，以募捐的名义骗取他的信任，再利用对他生活爱好的

了解，设计一个圈套。

我的最终目标是让他接收一个包含恶意代码的 PDF 文件，只要他打开这个文件，我就能控制他的计算机。

我针对通话内容进行了反复练习，测试了 PDF 文件的功能，为攻击做好准备之后，拨通了 A 公司的总机电话。

"你好，请问查理先生在吗？"

"请稍等。"

"你好，我是查理。"

"你好，查理先生。我是美国癌症研究会的托尼。我们正在进行一项年度资金募集活动，筹得的资金将用于研究癌症的治疗方法，目前不管男女老幼都在饱受癌症的折磨。"

"叫我查理就好。"他插了一句。

这是个好兆头，因为他并没有以"很忙"之类的借口挂断我的电话，并且没有设防。我继续说："查理，谢谢你。我们正在进行一项募款活动，联系的是原先捐过款的单位，这次活动是 50 到 100 美元的小额捐款。同时，我们为捐款的好心人设置了包含两项大奖的抽奖机会，抽中的话会赢得两张大都会棒球队的比赛门票，以及一顿免费的双人晚餐，有三家餐厅可供选择。本次抽奖会产生 5 位幸运者。"

"大都会棒球队的比赛吗？"

"是的。也许你对比赛不感兴趣，但餐厅还是非常棒的。"

"不，不，我非常喜欢大都会棒球队。"

"好的，请考虑一下。你不仅能帮助癌症研究，有机会观看精彩的比赛，还能在莫顿、巴塞尔和多明戈餐厅中选择一家免费就餐。"

"多明戈！真的？我喜欢这家餐厅。"

"啊，那太好了。我刚好前几天第一次去那儿，那儿的蘑菇炖鸡真是棒极了！"这是他第三喜爱的菜。

"哦，我告诉你吧，你应该尝尝法式菠萝，那才是这家餐厅最棒的菜，我每次去都点它。"

"哈哈，谢谢你的推荐。我下次再去的时候，一定要试试。现在时间也不早了，我会发一个 PDF 文件给你，你可以看看，如果感兴趣的话，填一下表格，打印签字后随支票一起发过来就可以了。"

"好啊，发过来吧。"

"好的。为了确认你能打开文件，请打开你的 PDF 阅读器，单击'帮助'菜单上的'关于'，然后告诉我版本号。"

"稍等……嗯，版本号是 8.04。"

"很好，稍等不要挂，我现在就把文件发过去。好了，发过去了。你能刷新一下邮箱，看看邮件收到了吗？"我屏住呼吸，等待他做出打开文件的动作。

"是的，收到了。"当听到双击的声音，我开始检查控制台，查理的计算机上线了。我松了一口气，猎物上钩了。

更让我高兴的是，挂断电话后，他并没有马上关掉计算机。

果然，他把一切机密资料，都保存在了他认为无比安全、只有他自己才能访问的计算机硬盘中。我立刻开始下载，几个小时后，我得到了他想保护的所有机密文件。

到这里，故事讲完了。

或许，你会嘲笑查理。而这就是实实在在发生的事情。类似的诱骗攻击，每天都在反复上演。

除了上面提到的这些手段，还有很多利用人们缺乏安全意识的攻击方式。比如，把存有恶意代码的 U 盘丢弃到目标单位办公区或停车场附近，如果有人不经意间把 U 盘捡起来，插到单位计算机上，攻击者就能成功入侵。

时至今日，网络上可攻击的目标实在太多了，如各行各业的亿万用户、互联网上各种各样有价值的数据资产。安全意识薄弱的用户们，无时无刻不在设置新的口令、打开新的链接、接收新的文件、使用新的移动存储设备……这些过程孕育了亿万个可被利用、可攻击的场景，每天发生的攻击不计其数。

## 攻易守难，网络对抗将如何演化

从防护的角度来看，对于利用用户安全意识薄弱发动的网络攻击，防火墙、漏洞扫描工具、入侵检测等传统的网安产品基本派不上用场。虽然一些互联网公司推出的"动态口令双重认证"等新功能在一定程度上加强了对用户的保护，开发的防"钓鱼"插件对部分安全意识比较强的用户起到了提醒作用。但由于用户总量太大，安全意识教育的效果不理想，总有亿万个缺乏安全意识的用户，做着亿万次不安全的行为，重复着昨天的故事，任人宰割。由于攻击数量太多，执法成本太高，政府也无法将这类攻击行为赶尽杀绝。

从攻击的角度来看，利用用户安全意识薄弱发动的网络攻击，不需要很强的技术实力，也不容易被警方抓获，因此吸引了大量没有技术背景的社会边缘人群，甚至犯罪分子参与。他们和一部分黑客结成了同盟，把破解口令、网络"钓鱼"、网络诱骗等攻击行动向规模化、流程化、集约化的方向发展，甚至想把网络攻击变成一桩虽然肮脏但可以获利的生意。

当受利益驱使的网络攻击者能够大规模入侵海量用户时，网络对抗会演化成什么样子呢？

## 划重点

（1）缺乏网络安全意识的用户，成为网络攻击的新靶子。最常见的攻击是破解口令，但效率太低；另一种更高效的攻击手段是网络"钓鱼"；对于一些高价值目标，攻击者还会综合运用技术手段和社会工程学的手段来进行网络攻击。

（2）从防护的角度来看，对于利用用户安全意识薄弱发动的网络攻击，防火墙、漏洞扫描工具、入侵检测等传统的网安产品基本派不上用场；从攻击的角度来看，此类网络攻击不需要很强的技术实力，也不容易被警方抓获，吸引了大量社会边缘人群，甚至犯罪分子参与。

## 参考文献

[1] 孟庆涛. 美国限制言论自由的国家理由[J]. 人权，

2014(04):55-56.

　　[2]　泄密门案告破黑客被 CSDN 受行政警告处罚[J]. 网络安全技术与应用，2012(10):80.

# 扩展阅读

　　(1)　常见攻击篇（1）——暴力破解。（微信工作平台）

　　(2)　社会工程学。（百度百科）

　　(3)　美国发生特大信用卡资料盗窃案　涉及逾4000万张卡。（中国新闻网）

　　(4)　美国第二大保险公司系统被黑　8000 万顾客信息被盗。（中国新闻网）

　　(5)　雅虎数据泄露门。（百度百科）

　　(6)　12306 用户数据泄露。（百度百科）

　　(7)　棱镜门。（百度百科）

　　(8)　大数据时代，如何保护个人隐私安全？（百家号）

# 自测题

## 1．判断题

　　为了方便记忆，应选择使用姓名拼音缩写、生日、手机号码等一些与个人信息有关联的字符，作为口令的一部分。（　　　　）

**2．单选题**

以下哪项攻击行为属于社会工程学攻击。（     ）

（A）穷举法破解系统口令

（B）进行漏洞扫描，并控制扫描强度

（C）收集信息，精心构造钓鱼邮件

（D）发动拒绝服务攻击

**3．单选题**

攻击者预先构建一个仿冒某个知名网站（如某银行网站），然后引诱受害者访问，这属于以下哪种攻击？（     ）

（A）口令破解

（B）网络钓鱼

（C）漏洞利用

（D）恶意代码

**4．判断题**

针对网络用户缺乏安全意识的攻击，难以通过防火墙、漏洞扫描、入侵检测等传统的网络安防产品进行防护。（     ）

# 第十八回　"暗网"[1]黑产比特币<br>网络犯罪成顽疾

1　"暗网"是指隐藏的网络，普通网民无法通过常规手段搜索访问，需要使用一些特定的软件、配置或者授权等才能登录。互联网是一个多层结构，"表层网"处于互联网的表层，藏在"表层网"之下的被称为"深网"，"暗网"通常被认为是"深网"的一个子集，其显著特点是使用特殊加密技术刻意隐藏相关互联网信息。

对于以网络攻击为业的犯罪分子来说，你觉得他们是愿意冒着被绳之以法的风险，亲自上场实施入侵、诱骗等攻击？还是愿意把攻击技术、工具和资源，包装成能直接拿来就用的产品，卖给别人去实施攻击呢？显然，后者更轻松，也在一定程度上规避了违法、被抓的风险。但是，要想赚到黑钱的同时不留任何痕迹，可没有那么容易。

在互联网上，使用电子邮件、QQ 等公开应用程序传输非法信息，传输记录能够被警方追查。依托国际汇款或类似"支付宝"这样的正规支付平台进行交易，也会留下交易记录。

像前文提到的"零日漏洞"的"灰色市场"交易，往往需要像间谍接头那样，单线联系。这种面对面的现金交易方式，带来了人身安全等其他风险，很难形成规模。

2010 年前后，"暗网"和比特币的结合，打通了"匿名发布信息—匿名通信—匿名交易"的通路，为售卖网络攻击工具、非法盗取数据，提供了一个近乎完美的市场基础设施。

## 隐蔽传输交易平台为黑色产业链奠定了基础

这里说的"暗网"，指的是"洋葱路由"，它最初是由美国军方发起的一个科研项目，能够为互联网用户提供隐藏自身身份的服务，目的是保护美国在互联网上的隐蔽情报通信。"暗网"上的信息无法被搜索引擎搜索，所有的信息传输都无法找到源头，而且它并不会对用户进行身份认证和限制，因此吸引了怀着各种各样目的的人参与其中，包括网络犯罪分子。

久而久之，"暗网"成了一个没有监管的黑色地带。但"暗网"刚出现的那些年，普通人要想进入"暗网"并不方便，访问"暗网"需要具备一定的技术门槛。

2008 年，"暗网"迎来了一次非常重要的升级。一个拥有友好用户界面的"洋葱路由"浏览器发布，任何人只需要通过简单的配置就可以接入"暗网"。"暗网"网站数量大增，售卖非法盗取数据和网络攻击工具的帖子也开始出现。但是，如何匿名支付赃款，是个难题。

很快，2009 年，比特币的出现，补全了"匿名交易"这块短板。

比特币，是一种以数字化形式存在、用密码学方法确保运行安全的加密货币。

任何人都可以创建匿名的比特币钱包，获得一个钱包地址后，就可以像发送邮件一样，在钱包之间发起转账，钱包地址就相当于邮箱地址。

跟收发邮件不同的是，发出邮件相当于把一份数据复制成了两份，而比特币转账则会在收币方地址增加余额的同时，减少发币方地址的余额。

每隔 10 分钟左右，比特币系统会自动将全球范围内的余额变更信息打包，形成一个数据区块，保存在一条不断延长的"数据区块链条"上。而这些记账信息，分散地保存在遍布全球的超过10000 个节点上，彼此之间持续保持数据同步。这种新的数据存储技术，被称为区块链。

比特币的记账记录存储原理如图 18-1 所示，用这样的方式，人们可以非常便捷地在全球范围内匿名转移资金，不需要银行作为中介，而且账户信息是保密的，可以躲避政府的监管。

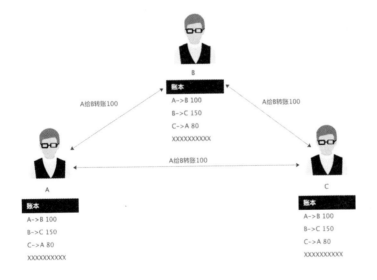

图 18-1　比特币的记账记录存储原理

比特币"匿名""跨境"的特征，使其成了"暗网"的"黄金搭档"，二者结合在一起，释放出了巨大的威力。

2011 年，"暗网"上出现了以比特币为支付手段的"丝绸之路"网站，跨国非法地下交易的平台正式登场。来自全球的匿名买家和卖家，开始在这里无所顾忌地开展黄赌毒，甚至贩卖人口等最见不得光的交易。

互联网犯罪分子有了一个隐蔽的信息传输和交易平台，而且他们围绕利益出现了专业化的分工，互联网犯罪出现了产业化的趋势，互联网黑色产业链逐步成型。

## 黑色产业链分工协作，网络攻击门槛大幅降低

一些具有技术实力的黑客，除了保留一些技术含量比较高的定制化入侵业务，还做起了"卖工具、租资源"的生意，成了黑色产业链的上游。黑色产业链的中游则是专门使用攻击工具和资源，实施具体攻击的团伙，他们就像"刀口舔血"的"黑帮打手"。而中游盗取的数据、情报等"收获"，再由黑色产业链的下游通过"销赃、洗钱"等操作，完成最终的获利闭环。

上游的黑客会根据下游的需求，制作密码破译器、仿冒的网站、虚假的链接、用于入侵系统的恶意代码和工具等，或者把自己前期通过入侵已经控制的"僵尸"计算机作为发动大规模分布式拒绝服务攻击的资源出租出去，这样他们就能在"不弄脏自己双手"的同时，获得利益。

中游的攻击者，或者直接使用大规模"口令扫描机关枪"，"收割"一波用户名口令之类的数据；或者根据出资人的指示，对某个竞争对手发动分布式拒绝服务攻击；或者精心选择某个用户，把他重要的核心数据打包加密，再索要赎金……

下游的服务商，则会为包括"黑"数据、"黑"工具、"黑"资源在内的各种"黑色"商品提供便捷的交易平台和信息传输渠道。

# 勒索软件黑色产业链

作为例子，下面来看看臭名昭著的勒索软件黑色产业链。

2005 年前后，以加密受害者的文件后向受害者勒索金钱为主要手段的勒索软件攻击开始频发。随着可勒索的目标越来越多，市场越来越大，围绕勒索软件的开发与攻击，逐渐形成了一个高度专业化、分工明确的黑色产业链。

角色一：入口访问经纪人。他们通过前期的渗透，积累了大量机构和个人用户的网络访问权限；同时，他们还可以根据买家需求，发起定制化的攻击、拿到特定机构的网络或主机的访问权限。这些"访问权限"就是他们要出售的商品。买家购买"访问权限"之后，无须自己渗透就可以通过网络直接进入目标主机，实施进一步的攻击。

角色二：勒索软件提供商。他们提供用于实施勒索的工具，工具的核心功能就是对文件进行高强度加密；此外，他们还给买家提供手把手的工具使用指导服务。

角色三：勒索软件传播分销商。他们通过"发展下线"的方式，建立销售和传播的渠道网络，大肆释放含有勒索功能的恶意代码。各级分销参与者通过传播恶意代码，从中瓜分利润。

角色四：勒索服务提供商。有些商家为买家提供"全流程"的服务，包括从工具制作、传播扩散到利用加密货币进行赎金支付的一整套解决方案，买家只需要单击"攻击"按钮即可。他们甚至提出"先用后付钱"的服务，使用者用勒索软件获得收益后，再跟卖家按事先约定的比例进行分账。

在上面这种黑色产业链出现之前，要想发动网络攻击，就算没有深厚的技术功底，最起码也得是能看懂代码、会使用命令行的"脚本小子"，能够完成独立寻找探测攻击目标，使用工具入侵网络、窃取数据并销赃交易等一系列工作。而黑色产业链的出现，使网络攻击呈现模块化、系统化、便捷化趋势，极大降低了对"技术高手"型黑客的依赖，极大降低了普通人实施网络攻击的技术门槛。网络犯罪分子无须精通任何网络攻击技术，甚至可以看不懂一行代码，就能调用黑色产业链上的其他角色为其服务，成功地实施攻击。

勒索软件黑色产业链的存在，为犯罪分子带来了丰厚的收益，却给很多公司和用户造成了极大的损失。很多遭到勒索的个人和企业，由于不愿意失去关键的数据资料，常常倾向于与攻击者和解，支付赎金。

2021年5月，美国最大的成品油管道运营商科洛尼尔公司遭到勒索软件攻击，公司大量文件被锁定，无法使用。这次攻击导致美国东海岸主要城市输送油气的管道系统被迫下线，成品油供应中断，极大影响了美国东海岸的燃油供应，美国政府宣布进入"国家紧急状态"。无奈之下，科洛尼尔公司向黑客支付了500万美元的赎金。类似的，还有富士康公司等多家大型企业，都曾因为遭到勒索软件的攻击，被迫支付了上百万美元的赎金。

勒索软件黑色产业链，只是网络犯罪的冰山一角。除此之外，还有专门针对网站用户登录数据"脱库、洗库、撞库"一条龙的用户数据盗窃产业链；以发动大规模分布式拒绝服务攻击为威胁、向目标公司进行敲诈勒索的拒绝服务攻击产业链；专门通过"钓鱼"网站、仿冒App、恶意链接等手段入侵计算机或智能手机，盗取网络银行账号密码的金融信息盗窃产业链；等等。

# 跨国犯罪成为网络黑色产业的显著特点

随着互联网渗透率的提高和网络活动的增多，网络黑色产业（网络黑产）的规模不断增大。据统计，2015 年，以中国互联网为攻击目标的网络黑产从业人员已超过百万人。我国公安部门也持续加大了对网络黑产的打击力度，抓捕了多个犯罪团伙。

为了规避国内网络监管，越来越多的犯罪团伙，开始利用各国、各地区在数据保护方面的规则差异，以及跨国互联网执法的困难，在美国、欧洲、东南亚等境外地区部署服务器，再以这些服务器为跳板，返回国内的互联网上实施犯罪。跨国犯罪成了网络黑产的一个显著特点。

对于我国公安部门来说，只能在自己国家内进行取证；而对于境外的互联网服务商来说，因为受害者都是中国居民、接不到任何投诉，也不知道是谁注册的网站，无法接触到施害者和受害者。就这样，很多网络黑产的从业人员长期逍遥法外。为此，我国正在逐步建立国际网络安全协同治理机制，力求通过全球合作，共同防范和打击跨国网络犯罪行为。

目前，跨国、跨平台、跨地域网络犯罪的规模，已经达到每天几万、几十万次以上的规模。网络黑产的存在，对个人隐私、企业数据安全、社会秩序都造成了较强的冲击。

蔓延到了日常生活方方面面的网络犯罪，让网络攻击从一种属于少数人的神秘力量，变成了一种随处可见的"普通的恶"。金钱至上、不择手段、高度协作的网络黑产犯罪组织，及其发动的犯罪活动，成为信息社会难以治愈的"顽疾"。

## 新型网络攻击方式的出现，对网络对抗有何影响

网络对抗在各行业、各领域、全社会横向扩散的同时，信息行业内部又出现了一种更加隐蔽、影响广泛、危害巨大的新型网络攻击方式，并且已蔓延到了软/硬件产品供应链上的多个环节。

这会给网络对抗领域带来哪些新的影响呢？

## 划重点

（1）"暗网"为网络犯罪提供了交易市场，比特币补全了"匿名交易"的短板，二者结合形成的网上"丝绸之路"，让网络犯罪分子有了一个隐蔽的信息传输和交易平台，互联网黑色产业链逐步成型。

（2）互联网黑色产业链的各角色分工协作，上游黑客卖工具、租资源，中游攻击者实施具体攻击，下游的服务商负责销赃、洗钱，网络攻击呈现模块化、系统化、便捷化的趋势。

（3）为了规避网络监管，跨国犯罪成为网络黑产的一个显著特点，我国正在逐步建立国际网络安全协同治理机制。

## 参考文献

[1] 中国传媒大学人类命运共同体研究院.网络黑产协同治理研究报告[R].北京：中国传媒大学人类命运共同体研究院，2020.

# 扩展阅读

（1）比特币。（百度百科）

（2）一分钟让你了解拖库、洗库和撞库。（知乎）

（3）拒绝服务。（百度百科）

（4）网络犯罪黑色产业链趋向无国界"年产值"超千亿。（人民网）

（5）暗网中的丝绸之路——网络隐匿技术对网络自由的双重影响及其规制。（人民网）

# 自测题

**1．单选题**

以下关于"暗网"的说法中，错误的是（　　）。

（A）本书中的"暗网"指的是"洋葱路由"

（B）"暗网"最初是由美国军方发起的一个科研项目

（C）"暗网"上的信息无法被搜索引擎搜索

（D）"暗网"会对用户进行身份认证

**2．判断题**

比特币系统中用到了一种称为区块链的新型网络数据存储技术。（　　）

**3．多选题**

"勒索软件"黑色产业链中包括哪些角色？（　　　）

（A）出售大量机构和个人访问权限的入口访问经纪人

（B）提供用于实施勒索的工具的勒索软件提供商

（C）通过"发展下线"的方式，建立销售和传播的渠道网络，大肆释放含有勒索功能恶意代码的勒索软件传播分销商

（D）提供包括从工具制作、传播扩散到利用加密货币进行赎金支付的一整套解决方案的勒索服务提供商

**4．单选题**

以下关于"黑色产业链"的说法中，错误的是（　　　）。

（A）使网络攻击呈现模块化、系统化、便捷化趋势

（B）抬高了普通人实施网络攻击的技术门槛

（C）为犯罪分子带来了丰厚的收益

（D）为很多公司和用户带来了极大的伤害

# 第十九回　复杂危险供应链<br>暗藏后门寝难安

如果有一天，有人告诉你，你一直在用的应用软件里面，藏着一个后门[1]。这个后门是有人秘密放在里面的，他们可以利用这个后门，随时进入你的计算机。你会有什么感觉？你会不会感觉到，你所信任的软件、信任的软件供应商，一下子变得不再可信了呢？

这种以合法软/硬件产品为载体，把恶意代码或不为人知的后门放入其中的攻击方式，称为供应链攻击（其流程见图 19-1）。这种攻击方式，往往以链条上游的软件供应商为攻击的切入点，在这些产品流向下游厂商和用户的过程中，极少会引发人们的怀疑。因此，当这种攻击被揭穿时，往往已经存在了很长时间。

计算机程序是由一个个代码块组成的，每一个代码块实现一个功能。可以把代码块看作"积木块"，把软件产品看作由"积木块"搭建而成的物体。如果"积木块"本身有问题，或搭建积木的人在搭建过程中留下了不为人知、一触即溃的弱点，那么搭建起来的物体就会处于危险之中。

在现实的软/硬件产品中，除了代码编写这个"积木搭建"的

1 在信息安全领域，后门是指绕过安全控制而获取对程序或系统访问权的方法。后门的最主要目的是方便以后再次秘密进入或者控制系统。

核心环节，还有一条长长的供应链，包括开发环境、开源工具库、配套合作厂商、运输分发、终端销售、用户安装与更新等多个环节。其中的每个环节都涉及多家公司、众多个人，每个环节都可能存在薄弱的漏洞，每个环节都可能存在问题，这就给攻击者提供了众多可利用的窗口。

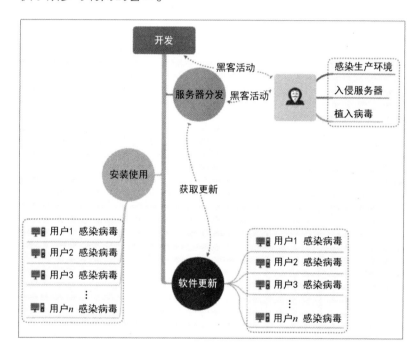

图 19-1　供应链攻击的流程

## 范围广手段多，软件全生命周期均可攻击

供应链攻击的手段很多，下面来看看其中的常见手段。

第一类手段是供应商预留后门。

2011 年，一家为智能手机制造商提供出厂前预装操作系统和应用程序业务的公司被人发现他们提供的预装软件，存在严重的隐私收集行为。部分预装软件不但会偷取地理位置资料，甚至连手机的按键内容和浏览记录都可以"看"得一清二楚并进行回传分析。据报道，受这个事件影响的设备数量多达 1.41 亿台，严重打击了广大用户对该智能手机制造商的信任。

2014 年，多款思科的主流路由器产品被发现存在预置式后门。当时，思科的网络产品在我国市场具有极高的占有率，其路由器产品几乎参与了我国所有的基础信息网络和重要信息系统的项目建设。有人怀疑，被发现的这些后门，是思科的技术人员在源代码编写时就放置在产品中的。如果有人知道后门的存在，就可以将流经路由器的网络数据镜像[1]传输到指定的 IP 地址。管理员是无法在正常管理界面和配置文件中，察觉到这些数据被非法镜像传输的。

第二类手段是物流链劫持植入后门。

美国国家安全局（NSA）在代号为"精灵"、预算高达 6.52 亿美元的网络监听项目中，会使用物流链劫持的方式，直接在从生产商到零售商的产品运输途中，把计算机、网络设备等拦截下来，然后由特定入侵行动办公室（TAO）[2]的情报和技术人员，完成对设备或固件的篡改，或植入恶意代码，再把它们放回原处，流入市场。

这些后门像定时炸弹一样，植入者可以根据自己的需要对它们进行远程控制，使用时开启、不用时潜伏。NSA 的人员通过这些后门可以自由出入被感染的系统，访问与之相连的其他系统，还可以在上面安装各种间谍工具，以获取大量情报数据。

截至 2011 年年底，包括 iPhone 手机在内，被 TAO 植入后门的系统数量达到 6 万余个。后来，由于被植入后门的系统实在太多、达到了百万这个数量级，NSA 还专门设计了一个自动化管控

1　镜像是指将指定源报文复制一份到目的端口。指定源被称为镜像源，目的端口被称为观察端口，复制的报文被称为镜像报文。在路由器和交换机中，常用的镜像有端口镜像、VLAN 镜像、MAC 镜像、流镜像等。

2　特定入侵行动办公室（Office of Tailored Access Operation，TAO）是 NSA 的一个部门，主要工作是收集其他国家的计算机信息情报。2022 年 9 月 5 日，我国国家计算机病毒应急处理中心和 360 公司分别发布了关于西北工业大学遭受境外网络攻击的调查报告，调查发现，多年来 TAO 对我国国内的网络目标实施了上万次的恶意网络攻击，控制了相关网络设备，疑似窃取了高价值数据。

被植入后门计算机的工具——"涡轮"。

通过物流链劫持的方式，攻击者可以对特定行业、特定目标发动有针对性的攻击。

第三类手段是污染开发工具。

2015 年 9 月 14 日起，我国国家互联网应急中心发布预警，披露了一起供应链污染事件。该事件攻击的目标是 Xcode，Xcode 是苹果用于开发 App 的集成开发工具，具有编码、调试等功能（见图 19-2）。攻击者对 Xcode 进行了篡改，加入了恶意模块，并对篡改后的版本进行了各种广泛的传播和推广活动，使大量开发者获取到了被污染的版本，并且使用被污染的版本建立开发环境。使用被污染的 Xcode 编译出的 App，就会自动向攻击者注册的域名回传信息，并遭到远程入侵和控制。

图 19-2 苹果公司用于开发
App 的 Xcode

另外，斯诺登曝光，美国的情报机构也曾经考虑通过对 Xcode 进行污染，从而绕过 App Store 的安全审查机制，最终把"带毒"的 App 放到 App Store 中。

第四类手段是污染上游软件产品的源代码。

2020 年 12 月，一家安全公司发布消息，全球知名的基础网络管理软件供应商太阳风公司的一款非常受欢迎的网管软件遭到入侵。攻击者运用高超的代码仿冒能力，耗费了超过一年的时间，成功绕过了太阳风公司复杂的测试、交叉审核、校验等多个环节，在网管软件源代码中添加了一个后门。在此之后，包含后门的代码通过随软件更新的方式下发到了使用太阳风网管软件的数千家客户的计算机系统中。这时，攻击者就能利用后门，随时侵入这些使用太阳风网管软件的计算机系统。

由于太阳风网管软件的用户遍布美国国务院、国防部、国土安全部等多个政府部门，以及多家大型公司，美国政府发布了紧急指令，要求涉事的机构立即停用太阳风网管软件。太阳风网管软件供应链攻击中的受害者如图 19-3 所示。

图 19-3　太阳风网管软件供应链攻击中的受害者

第五类手段是利用开源软件的漏洞发动攻击。

当前的软件研发生产处于一个非常开放化的环境，开发者为了提升工作效率、避免"重复造轮子"，会大量借助开源的软件代码。但有些应用非常广泛的开源软件，自身可能存在漏洞，这些漏洞可能被人发现并恶意利用。

2021 年 11 月 24 日，阿里云安全团队发布消息，非常流行的网站服务器软件 Apache（阿帕奇）的日志框架 Log4j2 存在"远程代码执行"漏洞。通过这个漏洞，攻击者可以远程执行任意代码，对服务器安全构成巨大威胁。由于这个框架应用广泛，受影响的服务器多达数百万台。苹果、亚马逊等公司的云服务平台，很快因为这个漏洞遭到了攻击。

更令人担忧的是，由于 Log4j2 是一段非常受欢迎的开源代码，它已经被嵌入成千上万的软件包。要想从部署在千万台服务器、难以计数的软件包里面，一个个地把这段代码"摘"出来、把漏洞一个个地补上，将是一个非常漫长的过程。有专家预测，与 Log4j2 相关的攻击有可能会持续 10 年以上。

这个漏洞，可能并不是有人刻意植入的，但上游代码中的漏洞，可能经过供应链放大后，释放出极大的破坏性，造成广泛而持久的影响。

除了以上五类手段，还有通过软件安装包捆绑下载、刷机、"越狱"、升级更新等渠道嵌入后门、实施供应链攻击的手段，这里就不一一介绍了。

供应链攻击能够影响亿万软件产品用户，并可能进一步带来系统被侵入、数据被盗取等危害。2016 年的一项调查显示，超过 60% 的网络攻击源于供应链攻击。2020 年的一项调查显示，80% 的受访企业都曾因供应商遭受攻击而发生数据泄露事件。

## 供应链攻击不断升级，网络"信任链"变"猜疑链"

不断升级的供应链攻击，给全球各国的信息产业供应链和关键基础设施安全防御体系带来了极大的冲击。由于供应链攻击是在"搭建积木"过程中进行的，因此很多传统的网络安全工具、措施和策略，在供应链攻击面前，很难发挥作用。

供应链攻击的大量出现，还产生了一个非常重要的影响，就是它破坏了用户对整个信息产业的信任根基。更糟糕的是，由于部分供应链攻击，或明或暗地具有国家情报部门的背景，因此，它在某种程度上让广大的下游用户对来自上游供应商的软/硬件产品，产生了恐惧和怀疑。这也让全球一体的网络空间，出现了难以弥合的"裂痕"。

2016 年，我国提出"加快推进国产自主可控替代计划，构建安全可控的信息技术体系"。我国已经是网络大国，但还不是网络强国。我国的信息基础设施以及信息化所需的软/硬件和服务大量来自国外，由此构成的基础设施或信息系统就像"沙滩上的建筑"，在遭到攻击时的防御能力非常脆弱。因此，只有构建安全可控的信息技术体系，才能做到核心技术不受制于人，将命运掌握在自己手中。

从 2014 年开始，我国开始推动服务器、云存储、数据库等核心产品的国产化。在涉及政府部门以及关乎国家安全和国民经济命脉的关键领域，如军工、电力、石油石化、电信、煤炭、航空运输等行业，在采购和推动业务流程信息化的过程中，进一步加强了对国外上游软/硬件产品的审查。

原本全球一体、全网一体的信息产业"信任链"，逐步演变成了"看谁都不像好人"的"猜疑链"。

供应链攻击的出现，好比在原本负责"搭建积木"的人中，混入了一些破坏"积木"的人。这标志着网络对抗从利用既有产品漏洞、利用用户不当行为、入侵系统盗取数据的"用网络进行对抗"层面，蔓延到了"建网络过程中对抗"层面。

## 谁来保卫我们的安全

一幢大楼连着一个城堡，一丛灌木接着一片森林……计算机代码的"积木"越垒越高，在网络这片"森林"中，我们是否还能分辨谁是建设者、谁是破坏者，又是谁在保卫我们的安全呢？

## 划重点

（1）供应链攻击的手段主要有五类：供应商预留后门、物流链劫持植入后门、污染开发工具、污染上游软件产品的源代码、利用开源软件的漏洞发动攻击。除此之外，还有通过软件安装包捆绑下载、刷机、"越狱"、升级更新等渠道嵌入后门、实施供应链攻击的手段。

（2）供应链攻击的大量出现，使得原本全球一体、全网一体的信息产业"信任链"逐步演变成了"猜疑链"。2016 年，我国提出"加快推进国产自主可控替代计划，构建安全可控的信息技术体系"。

（3）供应链攻击的出现，标志着网络对抗从"用网络进行对抗"层面蔓延到了"建网络过程中对抗"层面。

## 参考文献

[1] 武竹. 美国思科路由器预置"后门"意欲何为[N]. 中国青年网，2014-05-16.

[2] 赵亮. 对"太阳风"网络攻击事件的深度剖析[J]. 中国信息安全，2021（10）：51-54.

[3] 张晓玉，陈河. 从 SolarWinds 事件看软件供应链攻击的特点及影响[J]. 网信军民融合，2021（4）：37-40.

## 扩展阅读

（1）后门。（百度百科）

（2）构建安全可控的信息技术体系　努力建设网络强国。（人民网）

（3）关键信息基础设施保护面临五道坎。（安全牛）

（4）世界各国工业互联网安全现状。（知乎）

## 自测题

### 1．判断题

供应链攻击者可以利用的攻击窗口主要是代码编写这个环节。（　）

### 2．单选题

以下关于供应链攻击的说法中，错误的是（　　）

（A）供应链攻击是一种以合法软硬件产品为载体，把恶意代码或不为人知的后门放入其中的攻击方式

（B）这种攻击方式往往以链条上游的供应商为攻击的切入点

（C）一般来说供应链攻击的持续时间较短

（D）在这些产品流向下游厂商和用户的过程中，很难引起怀疑

3. 单选题

美国国家安全局（NSA）代号为"精灵"的项目，使用了哪种攻击手段？（　　）

（A）物流链劫持植入后门

（B）污染开发工具

（C）污染上游软件产品的源代码

（D）利用开源软件的漏洞发动攻击

4. 判断题

对我国来说，只有构建安全可控的信息技术与产品体系，才能达到核心技术不受制于人，将命运掌握在自己手中。（　　）

# 第二十回　武器扩散势难阻
## 关系错综群魔舞

网络攻击能够存在的根本原因之一是，攻击方和被攻击方的信息不对称。比如，攻击方发现了某种漏洞，但被攻击方不知道或者没有打补丁，攻击方就可以制作一个漏洞利用程序，侵入被攻击方的计算机；再比如，攻击方设计了一个圈套，而被攻击方却不知情，单击恶意链接或运行恶意代码，主动送上"人头"，把用户名和口令送给了攻击方或者为攻击方打开了系统的大门。

攻击方利用这种信息不对称，设计、构造出来的代码和软件，是他们发动攻击的武器。

计算机和网络的世界有一个与实体物理世界不同的特点是，被创造出来的一段代码可以无限复制、到处传播。换句话说，一旦网络武器被制造出来，理论上就可以扩散到计算机和网络世界每一个角落，就像经典电影《黑客帝国》中的反派角色"史密斯"（见图20-1）一样。

图 20-1　电影《黑客帝国》中由代码创造的反派角色"史密斯"

墨菲定律认为，如果一件坏事可能发生，只要有足够长的时间，这件事就一定会发生。那么，不妨设想一下，一旦用于发动网络攻击的代码武器，从攻击者的手上流出，在网络中传播、扩散，会产生怎样的影响呢？显然，这将会造成巨大的混乱。

## 网络武器大规模扩散，各组织紧急修补漏洞

2016 年，一起非常严重的网络武器泄露事件果真发生了。

从 2016 年 8 月开始，一个自称"影子经纪人"的黑客组织开始在网上发布一系列帖子。在这些帖子中，他们声称入侵了另一个名为"方程式组织"的黑客组织，并窃取了大量的网络武器，包括网络侦察工具、"零日漏洞"利用程序等。

"方程式组织"是由俄罗斯卡巴斯基实验室于 2015 年发现并公开披露的一家黑客团体。美国外交关系协会（Council on Foreign Relation）对"方程式组织"的介绍是：一家具有国家背景、疑似来自美国的黑客组织。在攻击复杂性和攻击技巧方面，"方程式组织"比历史上所有已知的黑客团体都厉害，并且这个组织掌握着大量的"零日漏洞"。

"方程式组织"的攻击目标主要集中在中国、伊朗、俄罗斯等国家。在 NSA 攻击我国西北工业大学的事件[1]中，就曾出现它的身影。因此，业界普遍推测，"方程式组织"与 NSA 之间存在非常紧密的联系。

藏有世界上最顶级网络武器的武器库，被另一个名不见经传的民间黑客团伙"影子经纪人"偷到了。随后，"影子经纪人"先后两次在线上对这些武器进行拍卖，但没人相信他们所说的"顶

1 西北工业大学在 2022 年 6 月 22 日发布声明，称该校遭受境外的网络攻击。相关部门在西北工业大学的多个信息系统和网络终端中提取到了多款木马样本，综合使用国内现有数据资源和分析手段，并得到了欧洲、南亚部分国家合作伙伴的通力支持，全面还原了事件的总体概貌、技术特征、攻击武器、攻击路径和攻击源头，初步判明网络攻击来自 NSA 的 TAO。

级网络武器"是真的，两次拍卖均以失败告终。

2017 年 1 月，为了进一步证明他们真的拥有这些网络武器，"影子经纪人"公开了部分网络武器的截图和网络武器的代码文件列表。这里面最有价值的大杀器就是可以利用 Windows 操作系统的"零日漏洞"发起攻击的漏洞利用程序。

"影子经纪人"根据漏洞利用程序代码中使用的字段名，给这些网络武器起了名字，如"永恒之蓝"（见图 20-2）、"永恒浪漫"等。

图 20-2　漏洞利用程序"永恒之蓝"

同时，"影子经纪人"向 NSA 发出警告，要求他们立即出高价把这些网络武器买回去，否则就把这些网络武器全部公开！让"影子经纪人"失望的是，NSA 还是没有反应，而微软却注意到了这些信息，并开始组织力量紧急制作相关的漏洞补丁。

2017 年 3 月，微软暂停了正常的系统更新计划，紧急发布了一批补丁。这批补丁针对的漏洞正是"影子经纪人"盗取的网络武器涉及的"零日漏洞"。利用"零日漏洞"发动攻击的武器，一旦被软件供应商发布补丁，就失去了"信息非对称"的巨大攻击价值，从天上坠落凡间。

"影子经纪人"非常愤怒，他们不仅没有获得任何好处，反而打草惊蛇，让微软给"永恒之蓝"等好几个超级武器对应的漏洞打上了补丁。

2017 年 4 月，他们做出了一个惊天之举——直接把包含多个重量级网络武器的"武器包"在互联网上公开了！任何人都可以免费下载这个"武器包"，并进一步将其传播和扩散。这一举动引发了轩然大波，包括很多网络安全业内人士之前都没想到，"影子经纪人"真的偷到了全球"顶级网络武器"。

一位知名的"白帽子"感叹说："在我的整个一生中，还没有看到过如此多的漏洞和漏洞利用程序在同一时间出现，要知道我在计算机安全领域已经干了 20 多年。"

还有安全专家分析说，这些网络武器可以远程攻破全球 70% 的采用 Windows 操作系统的计算机，简直可以称得上"网络核武器"。

"影子经纪人"公开"武器包"后，微软表示，针对"武器包"中所涉及的大部分漏洞，都已经发布了相应补丁。各国的计算机应急组织纷纷发布公告，各大网络安全公司也在第一时间对用户发出提醒，要及时为系统漏洞打补丁。

既然补丁已经发布，那么攻击方赖以发动攻击的"信息不对称"是不是彻底消失了？这件事会不会就这样过去呢？

答案是，不会。

## 漏洞未修复之地，Wannacry[1] 大肆杀掠

2017 年 5 月，全世界的媒体都在关注着这样一则重磅消息：一个名为 Wannacry、带有勒索功能的"蠕虫"在全球范围内爆发。Wannacry 感染计算机后，会对 100 多种常见类型的文件进行加密，并弹出用户支付赎金的勒索界面（见图 20-3）。如果用户没有在 48 小时内向攻击者转账，文件就再也找不回来了。

1 WannaCry（也称 Wanna Decryptor）是一种"蠕虫"式的勒索病毒软件，由不法分子利用 NSA 泄露的漏洞利用程序"EternalBlue"（"永恒之蓝"）进行传播。WannaCry 勒索病毒的全球大爆发，至少有 150 个国家的 30 万名用户中招，造成的损失达 80 亿美元，已经影响到金融、能源、医疗等众多行业，造成了严重的危机管理问题。

图 20-3　Wannacry 提示用户支付赎金的勒索界面

Wannacry 造成的影响和损失非常大。有医院手术室的计算机遭到攻击，赶紧临时取消手术，差点酿出人命；有加油站、ATM 自动取款机遭到攻击，无法提供服务；有高校内部网络的计算机遭到攻击，学生的毕业论文全部消失……

而这个臭名昭著的恶意代码使用的传播工具，正是 NSA 泄露的漏洞利用程序"永恒之蓝"。微软不是已经在 2017 年 3 月份紧急发布了针对"永恒之蓝"的补丁吗？为什么还会出这么大的事？

一方面的原因是部分用户没有及时打补丁的习惯，这已经是老生常谈的问题了；另一方面的原因（也是关键的原因）是全球仍然有相当多的用户，还在使用 Windows XP、2003 等操作系统，而对于这些老版本的操作系统，微软已经不再提供安全更新服务，所以这些用户根本没办法把漏洞补上，只能眼睁睁地看着被入侵。Wannacry 爆发后，微软迫于压力，破例对已经停止服务的 Windows XP 等操作系统发布了补丁。

攻击方正是看准了这里面蕴含的"信息不对称"，才设计出了 Wannacry。

在 Wannacry 事件之后，又出现了一系列利用公开的"武器包"发动的攻击。"影子经纪人"公开的"武器包"一下子成了所有黑客组织和网络犯罪分子的"基本配置"。

同时，Wannacry 事件给"影子经纪人"做了一个最好的"宣传广告"。"影子经纪人"宣称手上还有更多、更厉害的来自"方程式组织"的网络武器，从而一跃成了网络对抗领域的"知名军火商"。

微软的首席法律顾问布拉德·史密斯表示，美国政府在这次网络武器危机中的所作所为，就好比他们没有看住自己的主要大杀器"战斧巡航导弹"，让他人从仓库里偷走了。

从"影子经纪人"盗取"方程式组织"的网络武器，到 Wannacry 爆发，再加上 2017 年 3 月维基揭秘[1]公布的美国中央情报局网络攻击武器库事件，让很多人开始担忧：美国政府手上到底积攒了多少网络武器？如果无法阻止网络武器的扩散，那世界会乱成什么样？

1　维基揭秘（WikiLeaks）也称维基解密、维基泄密，是通过协助知情人让组织、企业、政府在阳光下运作的、无国界、非营利性的互联网媒体。

## 复杂生态让网络武器扩散难控

人们的担忧来得太晚了。

在 21 世纪的第二个十年，网络对抗领域的混乱程度进一步加剧。除了持续活跃的各国情报机构，处于黑暗之中的黑客团体、网络黑色产业链与网络犯罪团伙，以及各种各样希望通过网络攻击获得利益的组织，手上或多或少都有一些能攻破特定目标的"杀手锏武器"。他们使用这些网络武器的频率越来越高，以至于新闻报道中每天都充斥着与网络攻击有关的消息，每天都有个人和组织因遭受网络攻击而造成数据泄露、业务中断、经济损失等问题。

虽然政府网络安全部门、软件供应商、网络安全公司，以及一些重视网络安全的机构和个人，意识到了风险的增加，但面对汹涌而来的网络武器扩散、网络攻击领域群魔乱舞，他们也无力组织，只能做到"各人自扫门前雪"。

为什么包括"互联网原产地"美国在内的各国政府，对"零日漏洞"交易、"暗网"、比特币、黑色产业链、网络武器扩散等危及全社会网络安全的事物，并没有采取赶尽杀绝的态度呢？非不为也，是不能也。

网络对抗这个领域，并不像传统军事领域，如核武器的对抗、水面舰艇对抗那样，一国之内所有的人员、武器装备和核心技术都由国家垄断和支配。另外，网络是全球化的领域，一个国家没有权力去管理国界之外的网络和事务。

计算机和网络发轫于美国，在网络对抗知识与技术方面，美国政府和信息产业界长期处于领先地位。然而，由于网络空间不断扩展、持续变化，以及网络对抗知识与技术具有的内在可扩散性，谁也无法阻止越来越多的具有网络对抗能力和意愿的主体出现。包括国家在内的任何主体，只能作为一个参与者，与其他主体共同在这个越来越复杂的生态中展开博弈。

## 国家深度介入，会让网络对抗走向何方

随着网络对抗技术在各行业、各领域、全社会广泛而深入地渗透蔓延，网络对抗格局变得极其错综复杂，很难再像 20 世纪 90 年代时那样，把攻击方与防护方做一个非黑即白的区分。特别

是国家作为网络对抗主体的介入，给网络对抗格局增加了灰色的新变量，让网络对抗走向了更高的维度。

国家的介入，代表更大的决心、更多的资源、更持久的投入；国家的介入，将推动网络对抗向更先进技术、更复杂战术、更广泛影响的方向发展；国家的介入，将书写网络对抗发展历程上新的一页——网络战。

## 划重点

（1）网络攻击能够存在的根本原因之一，是攻击方和被攻击方的信息不对称，攻击方利用这种信息不对称，设计、构造出来的代码和软件，可以作为网络攻击的武器。

（2）即使漏洞被公布，信息不对称也无法真正消失，背后原因是部分用户没有及时打补丁的习惯或仍在使用不再提供安全更新服务的软件。这也正是Wannacry爆发的原因。

（3）网络对抗领域不由任何国家垄断支配，且具有内在的可扩散性，因此包括国家在内的任何主体只能作为一个参与者在其中进行博弈。

## 参考文献

[1] 江民科技. WannaCry样本分析报告[R]. 北京：江民科技，2017-05-13.

[2] 安天安全研究与应急处理中心.安天针对勒索蠕虫"魔窟"（WannaCry）的深度分析报告[R]. 北京：安天安全研究与应急处理中心，2017-05-13.

[3] 国家信息安全漏洞库. 关于 WannaCry 勒索软件攻击事件的分析报告[R]. 北京：国家信息安全漏洞库，2017-05-14.

## 扩展阅读

（1）西北工业大学遭美国国家安全局网络攻击。（百家号）

（2）棱镜门。（百度百科）

（3）WannaCry 勒索病毒，是这么一回事。（果壳）

（4）WannaCry 勒索病毒事件总结。（搜狐）

（5）WannaCry 蠕虫勒索软件事件分析。（中新网安）

（6）微软早就放弃 XP 系统更新　这次却为勒索病毒破了例。（每经网）

## 自测题

**1．多选题**

以下关于"方程式组织"的说法中正确的有（　　　）。

（A）是由卡巴斯基实验室于 2015 年发现并公开披露的一家黑客团体

（B）具有很高的攻击复杂性和攻击技巧

（C）其主要攻击目标是中国、伊朗、俄罗斯等国家

（D）"方程式组织"与美国国家安全局之间，存在着非常紧密的联系

**2．判断题**

应尽量避免使用 Windows XP、2003 等微软公司已停止提供安全更新服务的操作系统。（　　）

**3．判断题**

只要政府部门足够重视，就能避免汹涌而来的网络武器扩散。（　　）

**4．单选题**

关于政府对待网络对抗的态度，以下选项中不正确的是（　　）

（A）政府无法像垄断军事能力那样垄断网络对抗能力

（B）政府无法阻止具有网络对抗能力的黑客实施攻击

（C）政府没有全面管理各类网络对抗活动的意愿

（D）政府只能作为参与者和其他主体在网络空间中展开博弈

# 第五篇
# 网络大战

互扔石块　民间网络战
截缆渗透　网络情报战
乱流拒服　网络袭扰战
操控毁器　网络物理战
攻心控舆　网络认知战

# 第廿一回 互扔石块
# 民间网络战

## 爱国黑客出击，反抗美国霸权主义

1999 年 5 月 8 日，是中国人民刻骨铭心的日子。当天，以美国为首的北大西洋公约组织（北约）部队，用 B-2 隐形轰炸机投下五枚联合制导攻击武器（JDAM），悍然轰炸了中国驻南斯拉夫联盟共和国（南联盟）大使馆。新华通讯社记者邵云环、《光明日报》记者许杏虎和朱颖当场牺牲，数十人受伤，大使馆建筑严重损毁。然而，美国对这件事的解释，却是轻描淡写的"误炸"。

美国人傲慢无礼的态度，以及苍白无力的辩解，引起全中国人民的极大愤慨。各地民众纷纷走上街头，控诉以美国为首的北约部队在"美国轰炸中国驻南联盟大使馆事件"中的恶劣行径，要求严惩凶手。面对抗议，美国政府无动于衷，打算大事化小小事化了。

一群年轻的中国民间黑客聚集在一起，成立了一个临时的互联网组织"中国黑客紧急会议中心"，誓言通过网络上的行动发出中国人的声音，反抗美国霸权主义，捍卫祖国尊严。

当天，美国驻华大使馆的网站就被攻陷；临近午夜的时候，中国民间黑客又成功突破白宫防线，更改了白宫网站的首页；随后，北约的官方网站也被瘫痪。

很快，美国的民间黑客们立刻奉还了一系列反击，中国的多家网站同样损失惨重。

通过这次较量，美国及西方世界第一次见识到了中国民间黑客的气势和力量。当时，美国各大媒体纷纷报道，自家的网站遭到了"史无前例的攻击"。中国民间黑客被爱国情怀激发，一大批青年受到感召，投身到网络对抗技术的学习实践之中。

## "4·1 中美南海撞机事件"引发中美黑客大战

2000 年 12 月，经过"美国轰炸中国驻南联盟大使馆事件"网络对抗洗礼的黑客林勇（Lion），以爱国主义为旗帜，召集全国众多黑客高手，组建了中国红客联盟。他们自称为"红客"，并宣布了"红客"的原则：遇事而出，人不犯我，我不犯人。凡是要损害中华民族利益的，"红客"就要进行反击！

2001 年 4 月 1 日上午，中国飞行员王伟和赵宇接到紧急任务，驾驶两架战斗机对闯入南海领空的美国侦察机进行抵近监视。在执行任务的过程中，飞行员王伟因为驾驶的战斗机与美国飞机的螺旋桨相撞而坠海牺牲。2001 年 4 月 1 日的"4·1 中美南海撞机事件"引发了中美黑客大战，把这个朝气蓬勃的"红客"组织捧上了"神坛"。

美方的态度和两年前的"美国轰炸中国驻南联盟大使馆事件"如出一辙，不仅没有任何道歉，反而要求我方立即释放美方侦察机人员；还有政客还在媒体上公然污蔑，声称此次事件是中方的责任，中方应该向美国道歉！

"4·1 中美南海撞机事件"后，中美双方的民间黑客在网络上的对抗迅速加剧，两国网站上每天发生的黑客攻击事件约 40 次，远超平时的每天一两次。不过，当时的黑客交锋以表达愤怒、宣泄敌对情绪为主，技术含量有限，主要行动是篡改网页和对网站进行分布式拒绝服务攻击。

从 1999 年到 2001 年的中美民间黑客大战，极大地提升了中国人反对美国霸权主义的士气，让全世界看到了中国人民反抗霸权主义的决心。

这场由民间黑客发起的，"分国别、有组织、有明确政治目的"的网络对抗活动，声势浩大、影响深远，虽然不是真的战争，却打出了硝烟的味道。这也让很多人士开始认真思考这样一个问题：国家能不能运用网络对抗的手段，谋求国家利益呢？

## 国家层面的网络对抗——网络战

实际上，从 20 世纪 90 年代甚至更早开始，中、美、俄等国的战略与军事研究学者，先后提出了网络战争、计算机网络战、网络信息混合战争等一系列"运用网络对抗手段作战"的理论学说，实实在在地促进了国家层面网络对抗力量的建设与发展。

美国等网络技术较为发达的国家，率先在网络对抗领域投入大量资源，依靠国家和军队的力量，有组织地发展网络对抗，特别是进攻性的网络对抗力量。

像中美民间黑客交锋这样的"民间网络大战"，并没有国家和军队的参与，交锋手段也不过是没有太大杀伤力的"互扔石块"。从本质上说，它只是一场网络对抗从社会层面，走向政治和军事层面的"预演"和"彩排"，并不是真正的网络战。

真正的网络战，是指由国家和军队主动发起、出于政治或军事目的、运用网络手段开展的进攻性网络对抗行动。

根据作战行动要达成的直接目标，可以把网络战分为以下几种基本类型：一，以获取网络信息系统中的情报、数据为目标的网络情报战；二，以扰乱对方网络信息系统，改变既有传输或控制流程，使其无法正常运转为目标的网络袭扰战；三，以操控对方网络信息系统，破坏受逻辑代码控制的物理实体为目标的网络物理战；四，以通过网络信息媒体，引导和塑造对手认知、损害对方组织凝聚力为目标的网络认知战。

从作用域来看，网络情报战和网络袭扰战，其直接效应局限于信息域，也就是由"0""1"构成的数据、代码、软件、系统、网络这个层面。而网络物理战和网络认知战的直接效应则超出了信息域，分别进入了物理域和认知域，通过网络信息系统对物理实体的控制、网络信息媒介对人类认知过程的影响，对物理实体设备和个体群体认知施加作用。

国家作为网络对抗的主体，其组织化程度和所能调动的资源，远远高于民间黑客等其他主体，因此国家在网络战中所使用的思路和手段，不仅涵盖了前面提到的内容，而且在多个方面有了进一步的突破。

但是，由于网络战行动本身具有高度的保密性，往往在行动发生后相当长的一段时间内，外界都无法得知行动的细节。我们只能在行动参与方的相关人员通过某种渠道将其揭秘之后，才能窥见一部分真相。

从下一回开始，本书将结合实际发生、已被揭秘、可靠性较高、代表性较强、影响较大的部分国外战例，对四种类型的网络战战例分别进行介绍。在介绍这些战例的过程中，将按实施背景的不同，将网络战战例再做一个区分：与陆海空天领域传统军事行动同步实施的网络战和独立实施的网络战。

请你做好准备，我们即将进入——网络战战场。

## 划重点

（1）"美国轰炸中国驻南联盟大使馆事件"和"4·1中美南海撞机事件"引发了中美两国爱国黑客的网络对抗，这种"分国别、有组织、有明确政治目的"的民间网络对抗活动，虽然不是真的战争，却打出了硝烟的味道，影响深远。

（2）网络战，是指由国家和军队主动发起、出于政治或军事目的、运用网络手段开展的进攻性网络对抗行动，可分为网络情报战、网络袭扰战、网络物理战和网络认知战等四种类型。其中，网络情报战和网络袭扰战的直接效应局限于信息域，而网络物理战和网络认知战的直接效应则分别进入了物理域和认知域。

（3）按实施背景不同，可将网络战分为两种：与陆海空天领域传统军事行动同步实施的网络战，以及独立实施的网络战。

## 参考文献

[1] 温百华. 网络空间战略问题研究[M]. 北京：时事出版社，2019.

[2] 李健，温柏华. 美军网络力量[M]. 沈阳：辽宁大学出版社，2013.

[3] 叶征，赵宝献. 网络战，怎么战？[N]. 中国青年报，2011-06-03（09）.

# 扩展阅读

（1）美国轰炸中国驻南联盟大使馆事件。（百度百科）

（2）中美黑客大战-你值得回忆的这场没有硝烟的战争。（知乎）

（3）中国红客联盟。（百度百科）

（4）4·1中美南海撞机事件。（百度百科）

# 自测题

**1. 多选题**

中美黑客大战时期，黑客交锋的主要方式包括（　　）。

（A）挂黑页

（B）缓冲区溢出攻击

（C）分布式拒绝服务攻击

（D）内网渗透

**2．多选题**

网络战的基本类型包括（　　）。

（A）网络情报战

（B）网络袭扰战

（C）网络物理战

（D）网络认知战

**3．判断题**

网络战的直接效应局限于信息域，也就是由"0"和"1"构成的数据、代码、软件、系统、网络这个层面。（　　）

**4．判断题**

国家作为网络对抗的主体，在网络战中所使用的思路和手段与民间黑客完全不一样。（　　）

# 第廿二回　截缆渗透
网络情报战

国家间的情报对抗活动，具有悠久的历史。而网络情报战，则是网络时代的新生事物。

随着计算机和网络的蓬勃发展，各种网络以及与之相连的计算机、手机等终端设备，成了最丰富、最有效的情报来源。通过网络手段获取情报，在情报对抗活动中的作用越来越重要。今天，大多数国家都拥有一支专业的网络情报作战力量，正在一刻不停地实施着秘密的网络情报战行动。

在已经公开的网络情报战行动中，最有代表性、影响最大的网络情报战行动，几乎都是由在信息技术、信息产业、互联网应用领域占据先发优势，甚至在某些方面处于垄断地位的美国发动的。其他国家发动的网络情报战行动，规模相对较小，被公开揭秘的行动数量也较为有限。

从第二次世界大战开始，美国就高度重视情报斗争，成立了专门负责通过技术手段获取信号情报[1]的单位——美国国家安全局（NSA）。

从 20 世纪 90 年代开始，NSA 为适应网络时代的情报侦察业

1 信号情报主要包括通信情报、检测信号情报、遥测情报、电子情报等。

务，在之前设立的监听站、监听设备、间谍卫星的基础上，专门成立了相关的机构来招募有能力的黑客和计算机科学家，面向全球的计算机和网络展开情报收集活动。

下面先来看一个与 NSA 有关、与传统军事行动同步实施的网络情报战战例。

## 网络情报战小分队发挥大作用

在伊拉克战争结束后，驻伊拉克的美军持续遭受伊拉克反美武装发动的路边炸弹袭击，人员大量伤亡、士气低落。2007 年 4 月，美军向伊拉克增派了第四突击旅，其中的最重要的一支力量，就是来自 NSA 的网络情报战分队，该分队被编为情报指挥排。这是美国第一次将国家情报机构的人员直接编入战术层次的部队。

那么，这支分队是如何发挥作用的呢？

在美军控制伊拉克的新政权后，NSA 与伊拉克各家电信公司签订了协议。根据协议，NSA 可以实时获得伊拉克电信公司用户的所有通话数据，包括通话时间、通话发起方、通话接收方等。

伊拉克反美武装进行的路边炸弹袭击，利用的引爆工具恰恰就是手机。他们把一部手机绑在路边炸弹上，引爆者隐藏在炸弹附近的高地，当看到美军的车辆路过时，就拨打手机，通过手机的振动来引爆炸弹。

网络情报战分队的到来，让平时只有战略指挥员才能使用的情报，在战术层面派上了用场。该分队的士兵通过监控爆炸发生前后这段时间内附近地点的手机通话数据，能够精准定位反美武装人员，进而实施抓捕行动。

短短一个月之后，美军第四突击旅就抓获了 450 名反美武装人员，路边炸弹袭击减少了 90%。网络情报战分队（即情报指挥排）高效地完成了部队的防护任务。

之后，美军重新调整了第四突击旅的指挥机构，赋予情报指挥排更加重要的使命，让部队在情报的指引下，更加高效地实施作战行动。

很快，情报指挥排查明了伊拉克反美武装人员的指挥关系、人员分工、资金和物资来源渠道，并且通过在网络聊天室蹲守等方式，打入了反美武装的通信与指挥链路，进而诱骗、抓捕或消灭伊拉克的反美武装人员。在网络情报力量的有力支援下，美军取得了很大战果。

通过这个战例，我们看到了网络情报战对传统军事行动的直接支援作用。网络情报战更为典型的行动发生在没有硝烟的平时，发生在传统的战场外，一般由情报机构独立实施。

为了获取情报，NSA 无所不用其极

下面把目光投向美国情报机构 NSA。

根据采用手段的不同，NSA 的网络情报战行动大致可以分为三类。

第一类行动：线缆分光，截取公网流量。

在互联网的通信基础设施和骨干网层次，NSA 实施了"上游[1]"（Upstream）等一系列数据截取计划（见图 22-1）。根据 NSA 与运营海底光缆的环球电讯、美国电信运营商 AT&T、威瑞森（Verizon）等公司签订的协议，NSA 在承载互联网的骨干通信光

1　"上游"计划主要用于监听流经海底光缆及通信基础设施的信息。

缆上安装了分光器，可以直接复制通信数据。同时，NSA 也和丹麦、伊拉克等欧洲和中东国家的电信运营商合作，监听骨干通信光缆，获得多个国家的网络通信数据。

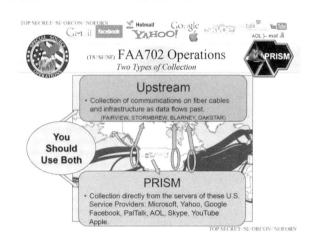

图 22-1　"上游"计划

对于无法建立合作情报关系国家的网络，NSA 选择了直接入侵。据某安全公司分析，在 2000 年到 2010 年，NSA 入侵了全球数十个外国电信运营商和教育科研网站服务器节点，并在其中植入了木马。由此可见，NSA 的目标非常明确，就是要"监听一切外国通信"。

第二类行动，借助服务商，按需定制情报。

2013 年，NSA 外部承包商的雇员爱德华·斯诺登（Edward Snowden）曝光了始于 2007 年的大规模网络秘密监听计划"棱镜[1]"（PRISM）。"棱镜"计划（见图 22-2）充分发挥了美国公司在互联网信息服务领域的巨大优势，让 NSA 找到了另一条获取网络情报的渠道。

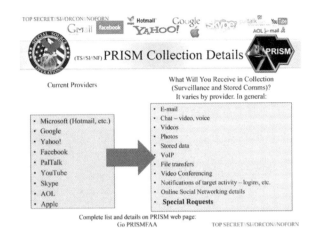

图 22-2　"棱镜" 计划

　　"棱镜" 计划为情报机构的人员提供了一个接口，他们可以根据政策规定，向微软、雅虎、谷歌、Facebook（现为 Meta）、苹果等网络服务提供商提交数据需求，然后由这些公司根据需求在自家公司的服务器上查询电子邮件、语音通话记录、视频、照片、文件、社交网络数据等，将查询结果提交给情报机构的人员；最后由情报机构的人员综合多种渠道得来的情报，使用工具进行分析，制作成情报产品。

　　通过 "棱镜" 计划获得的情报，是美国总统每日简报的重要组成部分，截至 2012 年，来自 "棱镜" 计划的数据一共被引用了 1477 次，超过了 NSA 全部情报数据来源的七分之一。

　　第三类行动，植漏破防，渗透入侵内部网络。

　　第十九回介绍了 NSA 的物流链劫持植入后门的攻击手段。类似地，NSA 还会通过将恶意代码嵌入带 USB 接口的硬件设备、开设虚假 Wi-Fi 接入点诱骗，甚至在网络设备供应商的研发团队中安插特工等途径，实现对特定目标的精准渗透，从而获取无法从公共网络流量中得到的内部情报或私人情报。

除此之外，NSA 还会针对一些具有重要战略价值的对象，实施高级持续性威胁[1]（Advanced Persistent Threat，APT）。从 2007 年起，NSA 开始执行一个名为"阻击巨人[2]"的绝密行动（见图 22-3），以寻找华为与中国军方之间的联系为借口，大肆渗透华为公司，获取华为产品代码与技术数据，以便挖掘华为设备的漏洞，甚至在研发场景中植入后门。

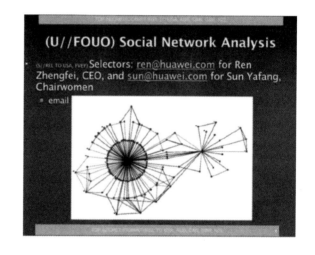

图 22-3 "阻击巨人"行动

"狙击巨人"行动的实际目的是利用全球多个国家电信运营商广泛部署的华为设备，掌握华为设备的漏洞，对这些国家的电信网络实施监控。这样一来，美国情报部门就可以在大肆宣扬"华为威胁论"、禁止美国公司和政府机构采购华为设备的同时，又能利用华为设备实现情报战的目标。

近年来，NSA 投入大量资源，持续升级通过网络渗透入侵、窃取情报数据的技术手段，并不断扩大渗透入侵的目标范围。

2022 年，国家计算机病毒应急处理中心[3]和 360 等网络安全公司，陆续发布了多份美国 NSA 面向全球互联网发动网络渗透窃密的报告，揭露了 NSA 长期以来针对我国互联网用户和重要单位

1 高级持续性威胁采用一些先进的手段和社会工程学方法，通过长时间持续性的网络渗透，一步步地获取内部网络权限，以便长期潜伏在内部网络，不断窃取各种信息。

2 爱德华·斯诺登曝光的一份文件显示，NSA 多年来一直在对华为公司采取秘密行动，行动内容包括入侵华为总部的服务器、监视华为高层的通信等。NSA 把这次行动命名为"狙击巨人"（Shotgaint），该行动早在 2007 年就已经开始执行了。

3 国家计算机病毒应急处理中心是我国负责计算机病毒应急处理的专门机构，主要职责是快速发现和处置计算机病毒与网络攻击事件，保卫我国计算机网络与重要信息系统的安全。

开展网络情报战的真相。

这些报告还指出，NSA 已经构建了工程化、自动化的网络渗透窃密平台，积累了大量面向主流网络设备、操作系统、应用软件的"零日漏洞"及漏洞利用程序，开发了功能丰富、覆盖攻击链各环节的网络渗透窃密工具集，能够针对包括美国盟友在内的所有互联网用户，以及接入互联网的机构实施渗透入侵。

## 网络情报战真实反映美式霸权逻辑

NSA 无孔不入的网络情报作战行动，在追杀本·拉登、暗杀苏莱曼尼、延迟伊朗核计划、打击"伊斯兰国"，甚至在俄乌冲突中，都发挥了非常重要的作用，为美国政府和军队获取信息优势、进而取得行动先机，提供了巨大的帮助。

但是，从 2013 年爱德华·斯诺登揭开 NSA 神秘面纱，到 2016 年"影子经纪人"曝光 NSA 网络武器库，再到 2022 年中国国家计算机病毒应急处理中心和 360 等网络安全公司发布的报告，美国从事的网络情报战行动一步步地褪去美国宣扬网络无国界的"画皮"，暴露出一心为本国谋取战略利益的真面目。特别是 NSA 监听默克尔等盟国领导人私人通信等没有底线的行为，彻底击溃了美国的形象。

美国"监听一切"的网络情报战，反映出一种赤裸裸的美式霸权逻辑：在网络空间中，只有美国能够掌控全球，美国天生就应该掌控全球。有人曾这样评价美国情报机构，"不要期待一个监听超级大国会做出什么让人尊重的行为，他们的规则只有一个，那就是没有规则。"

通过美国网络情报战的一系列行动，可以看到，当国家进入网络对抗的战场后，网络对抗领域中的其他力量，显得那么微弱和渺小。国家行为体的登场，让网络对抗更复杂、也更丰富。

## 划重点

（1）NSA 专门负责通过技术手段获取信号情报，除了派出网络情报战分队直接支援传统军事行动，更多是独立实施网络情报战行动。NSA 的网络情报战行动主要包括：

① 线缆分光，截取公网流量；

② 借助服务商，按需定制情报；

③ 植漏破防，渗透入侵内部网络。

（2）美国发动的网络情报战，让世界看清了其打着"互联网自由"旗号，追求网络霸权的真面目。

## 参考文献

[1] 马塞尔·罗森巴赫，霍尔格·斯塔克. 美国国家安全局事件：斯诺登与全面监听之路[M]. 胡希琴，杨启晗，译. 北京：金城出版社，2019.

## 扩展阅读

（1）美国网络空间攻击特点与模式。（安全内参）

（2）西北工业大学遭美国 NSA 网络攻击事件调查报告（一）。

（国家计算机病毒应急处理中心官网）

（3）西北工业大学遭美国 NSA 网络攻击事件调查报告（二）。（国家计算机病毒应急处理中心官网）

（4）美国 NSA 网络武器"饮茶"分析报告。（国家计算机病毒应急处理中心官网）

（5）从 Internet 架构看 NSA & GFW 的网络监控策略。（知乎）

# 自测题

### 1．判断题

美国国家安全局 NSA 是专门负责通过技术手段获取"信号情报"的单位。（　　）

### 2．单选题

NSA 针对我国华为公司的网络情报战行动，代号为（　　）。

（A）上游

（B）阻击巨人

（C）前出狩猎

（D）棱镜

### 3．单选题

以下选项中，没有参与 NSA 的 Upstream"上游"数据截取计划的是（　　）。

（A）伊拉克电信运营商

（B）威瑞森

（C）AT&T

（D）环球电讯公司

## 4．判断题

美国国家安全局构建了工程化、自动化的网络渗透窃密平台，以便针对包括美国盟友在内的所有互联网用户、以及接入互联网的机构实施渗透入侵。（　　）

# 第廿三回　乱流拒服
网络袭扰战

在网络战中，攻击方侵入目标网络或系统后，既可以不留痕迹地窃取情报数据，同时又可以通过恶意操作，扰乱预设的信息传输或控制流程，拒阻原有功能的实现。前者属于网络情报战，而后者属于网络袭扰战。

## "果园行动"开网络袭扰战先河

下面，来看一个与传统军事行动同步实施的网络袭扰战战例。

2007 年 9 月 6 日，以色列空军的一个由 F-15 和 F-16 战斗机组成的编队，深入叙利亚国境 100 多千米，将阿尔齐巴尔地区的一幢巨大建筑物夷为平地，随后毫发无损地顺利返航。

轰炸发生后，叙利亚陷入了痛苦的疑惑：为什么我们的防空系统没有发挥出应有的作用呢？

要知道，叙利亚在俄罗斯的帮助下，历经数十年苦心经营，耗费巨资构建起了一套可以说是"豪华"的防空体系，其中的骨干力量包括"萨姆-18"防空导弹系统（专门用于对付 F-15 这种非隐形战斗机）。按理说，叙利亚应该可以在雷达上看到以色列的战斗机动向。那么，到底是什么原因，让不具备隐身功能的以色列战斗机如入无人之境呢？

经过调查，叙利亚方面痛苦地得出了结论：为了配合空袭行动，以色列入侵了叙利亚防空系统的网络，因此叙利亚雷达屏幕上显示的并非真实的雷达图像。

以色列为这次空袭行动起的代号是"果园行动"，充分体现了他们的成竹在胸。那么，如此完美的计划是如何做到的呢？

世界各国的军事专家和信息技术专家对此展开了研究，他们提出了三种推测：

第一种推测是无线网络攻击。以色列运用美国空军开发的"舒特"机载网络攻击系统[1]，无线注入了恶意代码，入侵了叙利亚的防空系统网络。

第二种推测是预埋恶意代码。以色列情报部门在叙利亚的俄制防空系统的代码中发现了漏洞，并植入了恶意代码，在空袭前被触发。这个恶意代码的功能，或许就是让防空系统的显示器在某个时间段之内不显示任何目标。

第三种推测是有线远程控制。以色列情报部门在叙利亚境内的某个地方，找到了与防空系统网络相连接的国防光缆，并通过光缆与防空系统网络建立了隐蔽的通信与控制通道，从而实现了远程控制。

网络攻击的细节究竟如何，还需要当事人进一步揭秘。然而，不论事实与哪种推测更接近，以色列的"果园行动"都在网络战的发展历程中留下了浓墨重彩的一笔。

1 "舒特"机载网络攻击系统具备让敌人防空预警丧失作用的能力。

入侵战场网络的门槛高、难度大，但军事效益显著。"果园行动"发生后，各国纷纷大力发展面向战场网络的网络攻防力量。但由于实战机会少、行动密级高，至今十余年间很少出现公开报道的、以战场网络为目标的网络袭扰战战例。

更多的网络袭扰战，把民用网络当成了主战场。

## 俄格战争中的网络袭扰战

本回的第二个战例发生在 2008 年的俄格战争中，攻击的主要手段是简单、直接的分布式拒绝服务攻击[1]。

2008 年 8 月，俄罗斯和格鲁吉亚因南奥塞梯问题爆发了冲突。

在地面冲突爆发的前一天，俄罗斯方面针对格鲁吉亚的政府和媒体网站，发动了分布式拒绝服务攻击，目的是阻止格鲁吉亚媒体发出任何报道，从而使外界无法了解格鲁吉亚的真实情况。

地面战斗打响后，俄罗斯扩大了拒绝服务攻击的目标范围，包括格鲁吉亚的金融机构、商业、教育机构、新闻媒体，以及黑客组织的网络。攻击造成的后果是，格鲁吉亚与外界的信息源隔离，变成了一座"信息孤岛"，格鲁吉亚军方和民众的士气严重受挫。

这次网络袭扰战的成功，让俄罗斯坚定了将网络袭扰战作为"混合战争"重要组成部分的信心。在俄罗斯近年来与其他国家的武装冲突和低烈度对抗中，网络袭扰战出现的频率越来越高，并常常作为其他军事行动的"前哨行动"。不过，俄罗斯通常不会以政府、军方和情报部门的名义出战，而是由爱国黑客团体作为他们的代理人。

[1] 拒绝服务攻击是指攻击者想办法让目标机器停止提供服务，是黑客常用的攻击手段之一。

# Notpetya[1]扰乱乌克兰社会经济

1 Notpetya 是类似 Petya 的全新形式勒索病毒，可以加密并锁死计算机硬盘，从内存或者本地文件系统里提取密码。Notpetya 是利用 "永恒之蓝" 进行传播的。

从克里米亚于 2014 年并入俄罗斯开始，俄罗斯与乌克兰之间就陷入了对峙。

本回的第三个战例发生在 2017 年 6 月。俄罗斯黑客采取供应链攻击的思路，先通过入侵乌克兰一家软件供应商，在乌克兰最常用的报税软件中植入了一个具有远程控制功能的后门，然后通过软件更新将后门带到了使用这款报税软件的所有用户的计算机中。

2 乌克兰宪法日是 6 月 28 日，用于纪念 1996 年颁布独立后制定的第一部宪法。

在乌克兰宪法日[2]，攻击方利用这个后门，在乌克兰国内的网络上释放了一种传播力和破坏力都很强，并带有勒索功能的恶意代码 Notpetya。

Notpetya 在感染计算机后，会在局域网（如企业的内部网络）自动扩散，并寻找下一个目标。被感染的计算机会在一个小时之后自动重启，然后对硬盘中的 65 种文件进行加密，同时破坏硬盘主引导记录，让系统无法正常启动。加密完成后，再像其他勒索软件那样，显示支付赎金以换取解密密钥的文字。

半天之内，乌克兰首都基辅的政府机构、鲍里斯波尔国际机场、乌克兰国家储蓄银行等机构的 ATM 自动取款机、地铁、加油站、邮政服务、传播公司、零售企业，甚至切尔诺贝利核电站的辐射监测器，全都进入了黑屏状态。那天下午，乌克兰人发现到处都是黑屏。他们没法从 ATM 自动取款机取钱，没法在加油站加油，没法收发邮件，也没法买地铁票。乌克兰的主要经济活动陷入停滞，一位乌克兰网络安全企业家声称，在此次攻击中，乌克兰大约有 80% 计算机遭到了攻击。

一些遭受攻击的公司赶紧按照攻击者的指示支付了赎金，但用于接收解密密钥的邮箱很快就被关闭了。这充分说明，攻击者并不是为了金钱，勒索只不过是个幌子。他们的目的是造成大规模的破坏。

虽然本次攻击的主要目标是乌克兰，但也通过跨国公司的内部网络，对其他国家的企业造成了影响。受影响的企业包括俄罗斯石油公司、美国默克制药公司等。全球航运集团马士基无法发出运输指令，原本井然有序的物流瞬间陷入瘫痪。马士基集团用了两周时间，以上亿美元的代价，才依靠从非洲加纳分公司找到的一台备份服务器，让业务恢复了正常。

这次网络袭扰战，在某种程度上实现了扰乱乌克兰社会经济秩序的预期目标。但是，它同时对多家非目标国的跨国机构产生的"外溢效应"，是此次行动的一个败笔。

此后，俄乌之间的矛盾逐步激化。2022 年，俄乌冲突爆发了。其中，以袭扰、破坏对方网络为目标的对抗，成为平行于物理战场的另一个焦点，为外界提供了一个观察网络袭扰战最新实践的窗口。

## 俄乌冲突中的网络袭扰战

本回的第四个战例是在 2022 年 2 月 24 日俄乌冲突爆发前后，俄乌双方发动的一系列网络袭扰战。

在此期间，俄罗斯方面除了使用传统的分布式拒绝服务、数据擦除等攻击手段，还试图通过入侵网络运营商，使乌克兰的国内网络全部瘫痪。2022 年 1 月 13 日，乌克兰政府机构的计算机发现了破坏性数据擦除软件；2022 年 2 月 23 日，乌克兰国防部、外交部等政府部门和金融机构网站遭到攻击而瘫痪，数百台计算机中的数据被擦除；2022 年 2 月 24 日—26 日，俄罗斯方面对覆盖乌克兰地区的美国卫星通信运营商发动网络攻击，导致大量乌克兰用户和欧洲其他地区用户断网。2022 年 3 月 28 日，乌克兰主要的通信运营商乌克兰电信遭到了大规模的网络攻击，造成严重的网络中断。

俄乌冲突开始后，美国政府从马斯克的 SpaceX 公司采购了大量的"星链"卫星通信系统终端（见图 23-1），将其援助给乌

图 23-1 "星链"卫星通信系统终端

军使用，作为各级部队指挥与通信的重要系统。俄罗斯利用此前缴获的"星链"终端，破解了"星链"的代码，于 2022 年 9 月对"星链"系统进行了网络攻击，造成乌军前线的通信瘫痪、指挥中断。失去联系的乌军士兵，在仓皇之中居然向马斯克公司的客服电话求助。

乌克兰得到了西方国家军队以及"匿名者"等西方黑客团体的强力支持。美军派遣大批"网络战士"赴乌克兰，协助开展网络防护，并对俄罗斯黑客团体进行主动的网络攻击。开战后，乌克兰依托互联网社交媒体，面向全球招募志愿者黑客，成立了专门对俄罗斯发动网络攻击的"乌克兰 IT 军"。这些实质上由西方统一指挥的"网络雇佣军"，极大地充实了乌克兰在网络战领域的实力，不仅化解了俄罗斯的大部分网络攻击，而且对俄罗斯的网络目标实施了多轮次的袭扰攻击，有效牵制了俄罗斯的网络战力量。

从俄格战争、俄乌冲突这些跨越 10 余年、面向民用网络袭扰战中可以看出，虽然网络袭扰战不能直接对物理战场形成"火力支援"，但确实能够对政府和社会层面造成显著影响，削弱对方的战争潜力和战斗意志。

网络袭扰战，已成为与国家间矛盾冲突、传统军事行动伴生的标配。

## 划重点

（1）针对网络袭扰战的显著军事效益，"果园行动"发生后，各国纷纷大力发展面向战场网络的网络攻防力量；但由于入侵战场网络的门槛高、难度大，更多的网络袭扰战将民用网络当成了主战场。

（2）从俄格战争开始，俄罗斯始终将网络袭扰战作为"混合战争"重要组成部分，成为其他军事行动的"前哨行动"。

（3）面向民用网络的网络袭扰战虽然不能直接对物理战场形成"火力支援"，但能够对政府和社会层面造成显著影响，削弱对方的战争潜力和战斗意志，已成为与国家间矛盾冲突、传统军事行动伴生的标配。

## 参考文献

[1] 陈肖龙，王鹏，冯光伟，等. 无形空间的较量：网电作战典型战例及启示[M]. 北京：兵器工业出版社，2020.

[2] 王太军，唐鲥綦，周超."星链"在俄乌军事冲突中的应用探研[J].通信技术，2022，55(8):1006-1013.

[3] 彭中新，祁振强，钟圣，等."星链"在俄乌冲突中的运用分析与思考启示[J]. 战术导弹技术，2022(6):121-127.

## 扩展阅读

（1）2022俄乌冲突网络战场攻击全景回顾。(新浪军事)

（2）俄黑客攻击导致乌克兰上空的"星链"瘫痪。(中国指挥与控制学会公众号)

（3）俄罗斯格鲁吉亚战争。(百度百科)

（4）俄乌冲突一周年（二）：网络战及其背后的力量。(搜狐)

（5）乌克兰电力系统遭受攻击事件综合分析报告。(安天科技)

## 自测题

### 1. 判断题

2008年，在俄格战争中，俄罗斯针对格鲁吉亚的指挥和控制网络发动了分布式拒绝服务网络攻击，以打击格方军心士气。（　　）

### 2. 判断题

2016年利用恶意代码Notpetya、针对乌克兰的网络袭扰战行动，成功实现了扰乱乌克兰社会经济秩序的预期目标，没有产生附带影响。（　　）

**3．判断题**

2022 年，在俄乌冲突中，俄罗斯除了使用传统的分布式拒绝服务、数据擦除等攻击手段，还试图通过入侵网络运营商，全面瘫痪乌克兰的国内网络。（　　）

**4．判断题**

网络袭扰战不能直接对物理战场形成"火力支援"，只能对政府和社会层面造成影响，削弱对方战争潜力以及战斗意志。（　　）

# 第廿四回　操控毁器　网络物理战

　　上一回讲道，网络袭扰战的主要作用包括瘫痪网络、破坏数据、扰乱网络信息系统的原有功能等，其直接效应并未超出信息域的范围。那么，能不能利用网络信息系统对物理实体的操作控制功能，直接摧毁受网络信息系统控制的机器呢？

　　答案是肯定的。2007 年的极光发电机试验已经验证了通过网络信息系统攻击破坏物理实体的可能性。2009 年，美国和以色列将这种技术上的可能性变成了一场石破天惊的网络物理战行动。

## 伊朗重启铀浓缩

　　2005 年，伊朗总统内贾德上台，开始奉行敌视以色列的政策。2007 年，伊朗宣布重启已经暂停了多年的铀浓缩计划，开始在纳坦兹铀浓缩工厂安装用于浓缩放射性物质铀的离心机。以色列感受到了巨大的安全威胁，开始酝酿对伊朗核设施发动空袭。然而，面对深藏于地下的伊朗纳坦兹铀浓缩工厂，以色列面临着距离遥远、需跨越他国领空，目标并非一处、彻底摧毁难度大等一系列难题。

当以色列向美国方面提出空袭伊朗核设施意图时，美国明确表示反对。因为这时美国在阿富汗和伊拉克深陷战后泥潭，不希望在中东地区发动另一场战争了。但以色列没有想到的是，美国实际上早就打好了算盘，打算用网络战的方式延缓伊朗核计划的进程。

## 美国多方面准备

一直以来，美国军方和情报界都在为发动一次"能够替代动能打击"的网络物理战行动做准备，他们在情报收集、技术储备等方面进行了大量准备工作。

在情报收集方面，2000 年前后，美国中央情报局成功发展了一名伊朗间谍，并通过这名间谍打入了为伊朗核计划提供技术与装备支持的供应商圈子。这样一来，对于伊朗核计划技术实现与装备采购等关键情报，美国就得到了一个长期的情报来源。大量有效的情报，为对伊朗核设施发动网络攻击，提供了有力的支持。

在技术储备方面，长期以来，美国国家安全局不仅雇用了一大批专门从事漏洞挖掘工作的人员，还通过转包、分包、合作研究等途径，大肆积累"零日漏洞"及漏洞利用程序，其中就包括了多个 Windows 操作系统的"零日漏洞"，以及德国西门子公司的工业控制系统的"零日漏洞"。利用这些"零日漏洞"，美国构建了规模庞大的网络侦察、网络攻击武器库，为制定高难度的网络攻击方案奠定了技术基础。

美国能对伊朗核设施发动网络攻击的另外一个重要的原因是，他们于 2003 年截获了一批从巴基斯坦运往利比亚的离心机，这批离心机与纳坦兹铀浓缩工厂安装的铀浓缩离心机恰好是同一个型号，这批离心机为接下来的网络攻击进行模拟和测试提供了非常完美的原材料。

此后，美国调集力量，按照 1∶1 的比例，仿照伊朗核设施复原了一个铀浓缩工厂，并用这些离心机充当靶子，设计出各种各样破坏离心机的网络攻击方案，进行所谓的"实弹演习"，并记录下各种方案的结果，供决策者选择。

在这些前期准备工作的基础上，美国军方和情报部门官员向时任美国总统提交了一份对伊朗发动网络攻击的建议案（称为"奥运会计划"）。建议者认为，如果设计合理、运作顺利，这个方案可以取得与动能打击相同或相似的破坏效果，却不用冒空袭等传统军事行动的风险，也不用承担空袭等传统军事行动的后果。

## 侦察—研发—攻击

作为网络攻击的前奏，美国首先发起了精准的网络侦察。2007年，"毒区""火焰"等网络侦察工具陆续上线。这些网络侦察工具的目标，既包括伊朗核设施中使用的与工业控制系统有关的图纸文件、与伊朗纳坦兹铀浓缩工厂有关的直接情报，也包括驱动程序公司数字证书等，用于关键的编写网络攻击代码。

2007 年前后，美国国家安全局的一个团队与以色列情报机构合作，在长期技术储备的基础上，编写出了"史上最复杂"的网络攻击代码——"震网"（Stuxnet）。"震网"能够利用多个"零日漏洞"，通过 U 盘隐蔽传播后在局域网中扩散，并且以系统权限执行任意代码。"震网"还能够通过盗取的驱动程序数字证书，让系统无法识别出代码的非法身份，光明正大地绕过操作系统的认证和杀毒软件的查杀。

"震网"一旦被释放到伊朗的核设施之中，就会变成一个威力巨大的网络物理战武器。

在 2008 年到 2009 年，三个版本的"震网"穿越了纳坦兹铀浓缩工厂的重重防卫，入侵了藏于地下深处的纳坦兹铀浓缩工厂内部网络，对工厂造成了无法逆转且难以发现的破坏。

这到底是如何做到的呢？

## "震网"攻击过程分析

第一步，定向释放并缓慢传播。攻击方根据相关情报，确定了纳坦兹铀浓缩工厂的几家重要供应商，这些供应商经常出入纳坦兹铀浓缩工厂，对设备和信息系统提供售后服务。据此，攻击方在伊朗地区的互联网上定向释放了"震网"，逐步渗透到这几家供应商的网络中。

第二步，跨越物理隔离。穿越互联网与地下核设施网络之间的物理隔离，无疑是整个攻击过程中最神秘的一步。据报道，攻击方在这件事上利用了一名双面间谍，将感染了"震网"的 U 盘，借机带进了纳坦兹铀浓缩工厂，并接入了工厂的内部网络。在这个过程中，攻击方为了使"震网"隐藏在 U 盘当中不被发现，先后使用了两个 Windows 操作系统的"零日漏洞"。

第三步，寻找并感染目标。"震网"进入纳坦兹铀浓缩工厂的内部网络后，必须找到并感染它的目标。这个目标，就是控制铀浓缩离心机生产过程的工业控制系统。在这个阶段，它会利用一个 Windows 操作系统的"零日漏洞"在局域网当中传播。当它感染一台计算机时，就会检查这台计算机上安装的操作系统、软件和配置参数等信息，只有当所有信息与它事先掌握的情报完全匹配时，它才会进行自解压操作，把攻击载荷释放出来。

如果配置有那么一点点不符合设定要求，它就继续蛰伏，伺机传播。同时，攻击方为了使"震网"不被发现，使用了事先盗取的瑞昱、智微两家公司的驱动程序数字证书，骗过了 Windows 的认证机制。

第四步，按既定攻击策略实施攻击。"震网"在成功入侵目标计算机后，会先耐心地守候 13 天。在这 13 天里，它只做一件事——当监视控制器将运行数据发给监控台时，它就把合法操作对应的正常值记录下来。当"震网"发起破坏时，程序就会把之前记录下来的正常值"重放"给操作人员，让他们无法看到真实的数据。同时，"震网"还会通过修改工业控制系统的安全系统中的一个代码段，关闭工业控制系统的自动报警功能。这样一来，就算工作人员发现设备面临危险，也没办法中止离心机的工作进程。

断掉所有后路之后，"震网"开始实施最终的破坏：它先将每秒超过 1000 转的离心机的转速，提高到正常转速的 135%，持续 15 分钟之后恢复正常；再将离心机的转速瞬间降至每秒 2 转，持续 50 分钟。这样几个来回下来，剧烈的震荡就会让离心机陆续出现严重故障，没有办法再正常运转。

在 2009 年 6 月到 2010 年 2 月，纳坦兹铀浓缩工厂中大约有 1000 台离心机被替换掉。伊朗方面为了查找问题的原因，拆除了工厂内的大量设备。然而，他们却根本找不到解决问题的出路。

而对于攻击方来说，这场作战行动的成效非常理想，帮助他们很好地实现了"延缓伊朗核计划"的预期目标。

可以说，美国和以色列联合发动的这场网络物理战行动，取得了几乎与一场空袭相当的作战效果，而且还不用承担人员伤亡等发动空袭的负面影响。

"震网"成为世界上首个能够破坏物理实体的网络武器。就像"小男孩"原子弹让世人真正见识到了核武器的威力那样，"震网"让各国充分意识到了网络物理战武器的巨大威力。

通过入侵网络、操纵工业控制系统，对受控制的物理实体发动攻击的类似战例，还有 2015 年乌克兰电力公司遭网络攻击而造成大面积停电，2019 年委内瑞拉遭网络攻击而造成大面积停电等。

这些网络物理战战例都是独立实施的，与传统军事行动并无直接关联。不过，可以想见，在未来的战争中，特别网络战强国参加的作战行动中，网络物理战极有可能成为一种具有强大杀伤力、威慑力的手段。

此外，你有没有想过这样一种可能，在看上去和平的未战之时，已经有一些国家的网络战部队，在常态实施网络情报战、网络袭扰战，渗透入侵他国重要目标的同时，已经把网络物理战的武器埋在了对方的网络之中，耐心等待时机的到来。

## 划重点

（1）美国通过广泛的情报收集和长期的技术储备，特别是利用掌握的"零日漏洞"，构建了规模庞大的网络侦察、网络攻击武器库，为制定高难度的网络攻击方案奠定了技术基础。

（2）"震网"利用多个"零日漏洞"，通过 U 盘隐蔽传播后在局域网中扩散，并且以系统权限执行任意代码；通过盗取的驱动程序数字证书，能够让系统无法识别出代码的非法身份，从而光明正大地绕过操作系统的认证和杀毒软件的查杀。

（3）"震网"是世界上首个能够破坏物理实体的网络武器，其攻击过程为：第一步，定向释放并缓慢传播；第二步，跨越物理隔离；第三步，寻找并感染目标；第四步，按既定攻击策略实施攻击。

## 参考文献

[1] Kim Zetter. Countdown to Zero Day: Stuxnet and the launch of the world's first digital weapon[M]. New York: Broadway Books, 2014.

[2] 工业控制系统安全国家地方联合工程实验室. 工业互联网安全百问百答[M]. 北京：电子工业出版社，2020.

## 扩展阅读

（1）震网事件（Stuxnet 病毒）的九年再复盘与思考。（安天科技）

（2）对 Stuxnet 蠕虫攻击工业控制系统事件的综合分析报告。（安天科技）

（3）对 Stuxnet 蠕虫的后续分析报告。（安天科技）

（4）WinCC 后发生了什么。（安天科技）

# 自测题

**1．判断题**

通过实施网络物理战，可以实现与传统军事行动类似的作战效果。（　　）

**2．多选题**

为了对伊朗核设施发动网络攻击，美国和以色列在多方面进行了预先准备，包括（　　）。

（A）长期收集伊朗核设施相关供应链的情报

（B）针对通用操作系统，储备了大量"零日漏洞"

（C）针对工业控制系统，研究可利用的漏洞

（D）长期研究通过无线方式向地下设施注入计算机病毒的方法

**3．单选题**

以下关于"震网"病毒实施网络攻击的说法，错误的是（　　）。

（A）"震网"病毒可以通过秘密网络信道，渗透至地下核设施

（B）"震网"病毒利用了多个未被公开的 Windows 系统漏洞

（C）"震网"病毒具有目标识别能力，仅对符合特定条件的目标发动攻击

（D）"震网"病毒具有反侦察能力，可以绕过 Windows 系统的认证机制

**4．多选题**

以下关于美国和以色列对伊朗核设施发动网络攻击影响的选项，正确的有（　　）。

（A）这场网络攻击实现了攻击方的预期目标

（B）这场网络攻击使世人认识到网络攻击的巨大威力

（C）这场网络攻击造成了实实在在的物理毁伤

（D）这场网络攻击促进了网络空间军事化的进程

# 第廿五回 攻心控舆 网络认知战

网络信息系统一方面连通、控制着物理域中的部分实体，另一方面连通、影响着认知域中每个人的大脑。因此，使用网络攻击的手段，既可以通过操纵代码来控制物理域中的实体，将其摧毁；又可以将精心设计的内容推送给特定的人，影响其思考和决策。

网络认知战，是由国家行为体发动的，通过网络媒体引导和塑造对手认知，损害对方组织凝聚力的行动。

## 劝降邮件，不战而屈人之兵

先来看一个与传统军事行动同步实施的网络认知战战例。

2003年2月，在伊拉克战争正式打响之前，成千上万的伊拉克军官都在伊拉克国防部电子邮件系统上收到了这样一封电子邮件：本邮件由美国中央司令部发出，如你所知，在不久的将来，我们可能得到攻打伊拉克的指示。一旦开战，我军将同数年前一样，横扫所有反抗的力量。我们不愿伤害你们及你们的部队。我们只是想推翻萨达姆的政权。如果你们不想受到伤害，请将你们的坦克和装甲车停放整齐，然后离开。你们和你们的士兵们都回家去吧。巴格达成立新政权后，将会重新整编你们的部队。

这封邮件，不仅通过精心设计的内容，起到了对伊拉克指挥官劝降的作用，而且还对他们成功实施了心理威慑。这封邮件用一种特别的方式告诉伊拉克的指挥官：你们封闭、保密、安全的军事网络，已经被攻破了！

那么，美军的行动有没有效果呢？在发动空袭时，美军兴奋地发现，许多伊拉克军官真的按照电子邮件中的指示，把坦克和装甲车整齐地停放在空旷的地面上。这样，美军的轰炸机不费吹灰之力，就炸毁了伊军的大量地面重型装备，为后续行动的顺利推进奠定了基础。

## 互联网媒体成网络认知战主战场

随着全球信息化程度的加深，互联网取代了电视、广播、报纸、杂志，成为名副其实的"第一媒体"。网络媒体开始主导着人们日常的见闻和思考，深刻影响着人们的认知。互联网上的媒体，成为网络认知战的主战场。

最流行的互联网网站和应用，如 Google、Facebook、Twitter，几乎全部来自美国的公司。2009 年，利用 Twitter 等社交媒体吸引年轻粉丝、进而竞选成功的奥巴马就任美国总统，他和负责美国外交事务的国务卿希拉里，表现出了对运用互联网为美国获取战略利益的浓厚兴趣。

在世界各国政府中，美国政府较早地意识到，如果能巧妙地利用网络媒体，则只需要付出很低的成本，就可以对他国民众直接施加影响，进而左右他国政治进程。美国政府将其作为所谓"巧实力"的一部分。

## "巧实力"在中东北非大放异彩

2010 年的中东、北非地区，给了美国运用"巧实力"、发动网络认知战的机会。

美国通过其主导的网络媒体，长期在中东地区宣传美式价值观，资助反政府社会团体，鼓动民众反对政府统治，追求个人自由，向往西方生活方式，为动乱的酝酿提供土壤。

网络认知战的第一枪，由一个社会事件引发，在突尼斯打响。

2010 年 12 月 17 日，为抗议执法不公，一名 27 岁的突尼斯小贩纵火自焚。自焚的视频在 Youtube 上迅速传播，激起了更多突尼斯人的怒火，突尼斯各地纷纷出现骚乱（见图 25-1）。

图 25-1　突尼斯骚乱

在骚乱中，社交网站 Facebook 扮演了重要角色。一些由西方政府培训和资助的"非政府组织"和突尼斯政府反对派，通过 Facebook 大力传播示威的信息，放大官方对示威者的镇压，激发民众的不满，并在 Facebook 上发帖造势、穿针引线，鼓动、带领民众发起新的线下活动。骚乱的规模越来越大。2011 年 1 月 14 日，突尼斯首都发生大规模抗议活动，此前支持率高达 89% 的总统本·阿里彻底失去了对局势的控制，逃往沙特阿拉伯，突尼斯政权易主，美国支持的反对派成为新的掌权者。

突尼斯的变局，涉及到了同讲阿拉伯语的埃及等国。据《纽约时报》2009 年的统计，Facebook 和 Twitter 网站的埃及会员已达到 80 万，大部分是青年人。在埃及，一个自称 "4 月 6 日运动" 的青年组织，在 Facebook 上发起了一个 "愤怒日" 的标签，把埃及的警察日定为 "愤怒日"。这个标签很快在阿拉伯地区的页面上成了排名靠前的热搜标签。在帖子中，反复出现这样一个引燃网民情绪的问题：我们应该在愤怒日，送给这些埃及警察们一份怎样的礼物呢。下面的跟帖，几乎是清一色的 "突尼斯"。

实际上，与突尼斯类似，站在 "4 月 6 日运动" 等青年组织幕后的大佬，是北美一家知名智库扶植的互联网社会动员机构。这家机构非常擅长运营政治化的社交媒体、在线上对民众进行动员。而这家机构的核心使命之一，就是推翻埃及现政府。

在互联网社会动员机构的策动下，埃及很快也爆发了大规模的反政府示威，引发了总统穆巴拉克下台，政权更迭。

在中东和北非的乱局中，美国可以说是迈出了 "运用网络认知战影响目标国社会稳定，甚至颠覆政权" 的重要一步。而这些中东和北非地区的国家元首，还没来得及看懂网络认知战的套路，就被灰溜溜地赶出了国门。

## 美国总统大选遭到反噬

然而，美国在运用网络认知战实现政治目标的同时，自身也遭到了反噬。既然已经有人开了"将网络对抗引向认知域"的先河，那么其他人为什么不能"以其人之道还治其人之身"呢？

针对美国的网络认知战，出现在 2016 年的美国总统大选中。在这场跌宕起伏的大选中，网络认知战行动多次出现，起到了影响网络舆论走向的作用，对选举进程和结果产生了重要的影响。

2015 年 3 月，民主党候选人希拉里的邮箱被攻破。之后，攻击者通过网络媒体曝光，民主党候选人希拉里在 2009 年至 2013 年担任美国国务卿期间，利用私人电子邮箱和位于家中的私人服务器收发公务邮件。

2015 年 7 月，美国联邦调查局（FBI）启动了对此事的调查。希拉里承认，在任职国务卿期间，使用私人邮箱处理了约 6 万封邮件，其中 3 万封因涉及私人生活已被其团队删除。希拉里话音未落，就有一名黑客发布了通过合法渠道查阅这些所谓"被删除"邮件的方式。这让希拉里陷入了"违法"和"撒谎"的双重指控，政治形象一落千丈。

大选开始后的 2016 年 6 月，又有黑客攻入了民主党全国委员会的计算机网络。2016 年 7 月，在选举的关键时刻，有人公布了大约 2 万封从美国民主党全国委员会服务器上获得的邮件。其中一些邮件显示，民主党在党内选举中，存在严重偏袒希拉里的行为。为此，民主党全国委员会主席引咎辞职。

事后，美国民主党在调查中发现，入侵者使用的计算机中有些带有俄语设置，进而推断此事为俄罗斯政府所为，开始指控共和党候选人特朗普"通俄"。

后来，尽管俄罗斯坚决否认，但奥巴马政府根据美国情报部门的溯源证据，于 2016 年 12 月将这件事定性为"俄罗斯政府发动的严重的网络攻击"，并宣布对俄罗斯情报机构和部分个人进行制裁。

可以看出，这些网络认知战行动，显著影响了美国选民对总统候选人的态度，对美国总统大选活动，乃至整个美国选举制度造成了巨大的冲击。

## 俄乌冲突中的网络认知战

2022 年，俄乌冲突爆发。与传统军事行动同步实施的网络认知战，以一种和 2003 年伊拉克战争劝降邮件完全不同的形式，再度登场。

和 20 年前相比，互联网媒体在舆论场的主导地位进一步加强，美国、俄罗斯等国对网络认知战规律的认识更加深刻，技战术手段更加丰富，网络认知战的规模史无前例地扩大。

俄乌冲突爆发前，美国在互联网上不断释放战争信号，构建"俄罗斯即将入侵乌克兰"的叙事，在国际舆论场上把俄罗斯塑造为"侵略国"，给普京贴上"独裁者""战争犯"的标签。美国凭借在他们网络社交媒体领域的垄断地位，撕下了"言论自由"的面具，在 Facebook、Twitter 等平台上赤裸裸地封杀"今日俄罗斯"等俄罗斯主流网络媒体的账号，封锁打压支持俄罗斯的一切言论，大肆报道反对俄罗斯的声音。

乌克兰总统泽连斯基在专业团队支持下，运用社交媒体，发布大量多语种的视频和文字，塑造抵抗入侵、爱国亲民的"悲剧英雄"形象，成了乌克兰在网络认知战战场上"最能打"的战士。他在美国公司运营的网络社交媒体频繁出镜、高调发言，牢牢占据着头条、热搜的位置，博取西方国家民众对乌克兰的支持。

乌克兰方面还通过在网络上散布"布恰惨案[1]""导弹袭击妇产医院"等消息，制作假图片和假视频来报道战争场面，着重突出乌克兰的悲惨境况，引发国际社会对乌克兰的同情，以及对俄罗斯的谴责。

1 即布恰平民死亡事件。

那么，俄罗斯方面有什么动作呢？在被围堵的局面下，俄罗斯只好将在互联网上发声的渠道，转移到俄罗斯人创办的社交平台"电报"等媒体上。俄罗斯通过发布乌克兰"亚速营[2]"残忍虐待平民等反人类暴行，设置美国在乌克兰建设生物实验室罪证、威胁民众生命安全等议题，争夺道义的制高点，并且配合着战局发展，释放"泽连斯基离开基辅""乌克兰军人假扮女性平民逃离马里乌波尔"等消息，打击乌克兰军民的士气。

2 "亚速营"是乌克兰一个"志愿营"，是由私人财团资助的极端民族主义者团体，被控具有新纳粹主义和白人至上主义意识形态。

在俄乌冲突的过程中，交战双方无时无刻不在试图利用网络媒体，围绕预设的网络认知战"攻心控舆"的整体目标，利用一切机会塑造对手的认知。

俄乌冲突双方在认知域的交锋，令人惊呼：平行于物理域传统军事活动、信息域网络对抗活动的认知域网络对抗活动，已经成为"新型混合战争"中的重要一环。

那么，你是否能够清醒地意识到，你自己已经或者正在受到网络认知战行动的影响呢？

## 划重点

（1）网络认知战是指由国家行为体发动、通过网络媒体，引导和塑造对手认知、损害对方组织凝聚力的行动。

（2）互联网媒体成为网络认知战的主战场。

（3）美国运用"巧实力"、发动网络认知战搅动中东北非乱局，其自身也遭到了网络认知战的反噬。

（4）在俄乌冲突的过程中，交战双方无时无刻不在试图利用网络媒体，围绕预设的网络认知战"攻心控舆"的整体目标，利用一切机会塑造对手的认知。

（5）平行于物理域传统军事活动、信息域网络对抗活动的认知域网络对抗活动，已经成为"新型混合战争"中的重要一环。

## 参考文献

[1] 威廉·恩道尔. 石油大棋局：下一个目标中国[M]. 戴健，译. 北京：中国民主法制出版社，2011.

[2] 李恒阳. 美国大选中的网络安全问题[J].美国研究，2017，31（4）：56-75.

[3] 陈肖龙，王鹏，冯光伟，等. 无形空间的较量：网电作战典型战例及启示[M]. 北京：兵器工业出版社，2020.

[4] 苗争鸣. 认知博弈：俄乌冲突中深度伪造技术的应用[J]. 中国信息安全，2022（06）：73-75.

[5] 蔡润芳，刘雨娴. 从"推特革命"到"WarTok"——社交媒体如何重塑现代战争[J]. 探索与争鸣，2022(11): 68-78,178.

## 扩展阅读

（1）希拉里邮件门。（百度百科）

（2）通俄门。（百度百科）

（3）俄乌冲突一周年（二）：网络战及其背后的力量。（搜狐）

（4）俄乌冲突一周年（三）认知战是如何展开攻击的。（搜狐）

（5）从科技创新视角考察俄乌冲突及其启示——俄乌冲突一周年的回顾与思考。（中国社会科学网）

（6）维基揭秘催化突尼斯"政变"。（深圳晚报）

## 自测题

**1．判断题**

中东、北非地区国家的互联网社交媒体，大多数由本国公司运营。（　　）

**2．多选题**

关于网络社交媒体，以下选项中正确的有（　　）。

（A）网络社交媒体中的信息动态性强，传播速度快

（B）网络社交媒体中的信息发布没有门槛，缺少传统媒体中对内容真实性负责的把关人

（C）网络社交媒体中信息传播规范缺失，导致网络社交媒体的传播极易出现各种负面功能

（D）网络社交媒体的运营方实质上拥有审核、限制、删除、推广特定信息的权力，能够在一定程度上左右舆论导向

**3．判断题**

平行于物理域传统军事活动、信息域网络对抗活动的认知域网络对抗活动，已经成为"新型混合战争"中的重要一环。（　　）

**4．判断题**

网络认知战是国家行为体发动、通过网络信息媒介，引导和塑造对手认知、损害对方组织凝聚力的行动。（　　）

# 结语

不知不觉，本书已经到了尾声。

在五五二十五回的内容中，从埃尼亚克到阿帕网，从黑客活动到"零日漏洞"，从各行业的安全事件到国家间的网络战，我们一起回顾了网络对抗发展的近百年历程。我相信，通过阅读本书，你已经对网络对抗有了一个全面的认识，能更清醒地面对各种与网络安全有关的问题。

现在，让我们回到本书开始，一起来回答前言中的三个问题。

第一个问题，网络对抗的本质是什么，为什么说网络对抗会随着网络技术的发展，对这个世界产生越来越重要的影响？

回答：网络对抗的本质，是不同利益主体为了争夺信息和资源，运用网络技术实施的攻击和防御行为。网络攻击的本质，是利用计算机和网络的固有特性和缺陷弱点，对目标信息系统进行的一系列、未经授权的行为。网络防御的本质，是针对这些攻击采取的各种预防、应对与反制措施。

本书中的故事告诉我们，随着社会信息化程度的不断加深，使网络攻击能造成的破坏越来越严重，从而使网络对抗对社会运转和国家安全的方方面面产生了越来越重要的影响。

第二个问题，发起一场网络攻击需要哪些先决条件，受到哪些因素的制约，为什么说网络攻击是把"双刃剑"，既能伤害对方，也能反过来伤害自身？

回答：要发起一场网络攻击，需要具备很多先决条件：第一，攻击方必须能够访问目标系统；第二，攻击方必须掌握目标系统的特征信息；第三，攻击方必须拥有实施攻击所需的技术和工具。发动网络攻击受到攻击方的资源和能力、目标防护水平和措施、法律与道德等多种因素的制约。

网络攻击的漏洞利用程序、传播手段、攻击载荷乃至方法思路，通常是可以复制的，因此，一旦网络攻击事件发生，攻击的方法、手段乃至技术细节就会暴露出来，并被其他人掌握。那么其他人就可以用同样的手段，反过来对攻击方造成伤害。所以，网络攻击是把"双刃剑"，既能伤害对方，也能反过来伤害自身。

第三个问题，为什么说没有绝对的网络安全，网络对抗会永无休止地持续下去？

回答：本书讲述的网络对抗发展历程告诉我们，网络对抗是一个动态演进的过程。随着网络技术的发展和应用场景的变化，攻击的方法手段总在不断更新。你可以采取多方面的措施来增大外部攻击方对你发动网络攻击的难度，但你没办法掌握未知的漏洞或者未知的攻击方法，因此无法达到绝对安全的水平。

网络安全防护难就难在，攻击方总能找到新的漏洞、想出新的手段，而防护方则必须时刻关注最新的威胁和攻击方式，并及时采取相应的措施加以应对。网络对抗的主体是人，只要人之间存在对抗，网络对抗就会永无休止地持续下去。

好了，本书开始提出的问题，我就回答到这里。

最后，我想对你说的是，本书介绍的只是网络对抗的冰山一角。关于网络对抗，还有更多值得关注的故事、更多值得学习的知识，等着你去探索。

# 参考答案

## 第一篇

### 第一回

1. 正确　　2. 错误　　3. AC　　4. D

### 第二回

1. 错误　　2. 正确　　3. E　　4. BC

### 第三回

1. 正确　　2. C　　3. D　　4. C

### 第四回

1. 错误　　2. B　　3. D　　4. ABCD

### 第五回

1. B　　2. 错误　　3. 正确　　4. C

# 第二篇

## 第六回

1. D    2. ABCD    3. 正确    4. 正确

## 第七回

1. A    2. 错误    3. 错误    4. 错误

## 第八回

1. 错误    2. 正确    3. C    4. A

## 第九回

1. 正确    2. D    3. 错误    4. B

## 第十回

1. 错误    2. 正确    3. 错误    4. ABCD

# 第三篇

## 第十一回

1. 正确　　2. 正确　　3. 错误　　4. 正确

## 第十二回

1. 错误　　2. ABCD　　3. B　　　4. 正确

## 第十三回

1. 错误　　2. B　　　3. 正确　　4. ABCD

## 第十四回

1. ABCD　　2. D　　　3. 正确　　4. 错误

## 第十五回

1. 错误　　2. ABC　　3. A　　　4. ABCD

# 第四篇

## 第十六回

1. D　　2. C　　3. 错误　　4. 错误

## 第十七回

1. 错误　　2. C　　3. B　　4. 正确

## 第十八回

1. D　　2. 正确　　3. ABCD　　4. B

## 第十九回

1. 错误　　2. C　　3. A　　4. 正确

## 第二十回

1. ABCD　　2. 正确　　3. 错误　　4. C

# 第五篇

## 第廿一回

1. AC　　2. ABCD　　3. 错误　　4. 错误

## 第廿二回

1. 正确　　2. B　　3. A　　4. 正确

## 第廿三回

1. 错误　　2. 错误　　3. 正确　　4. 错误

## 第廿四回

1. 正确　　2. ABC　　3. A　　4. ABCD

## 第廿五回

1. 错误　　2. ABCD　　3. 正确　　4. 正确